「感動」に不況はない

アルビオン社長小林章一はなぜビラ配りをするのか

大塚英樹

講談社

目次

第一章　なぜアルビオンは成長し続けるのか

第二章 保守したくば改革せよ

第三章 ブランドづくりを支えるベンチャースピリット

第四章 人間経営学

第五章
小林章一という人間の育てられ方

第六章
アルビオンの未来

カバーデザイン／渡邊　民人（TYPEFACE）

はじめに

私が小林章一《しょういち》と初めて会ったのは、ある月刊誌で対談した二〇〇九年一月のことだった。それまで私は、小林が経営する「アルビオン」という会社を知らなかった。

しかし、対談の準備のために資料や社史を読み込むうちに、アルビオンはデフレ不況下にもかかわらず増収増益を更新し続ける優良企業であるということ、さらに社長の小林はまだ四五歳で、コーセー創業者一族の三代目であることを知った。

アルビオンという会社は、スキンケアを中心とした高級化粧品専門のメーカーなのである。コーセーグループの創業者である故・小林孝三郎《こうざぶろう》が、創業からわずか一〇年後の一九五六(昭和三一)年に設立した企業であり、いまもコーセーの連結対象子会社となっている。二代目は、孝三郎の次男で、現アルビオン会長の小林英夫《ひでお》である。章一は、英夫の長男だから三代目に当たるというわけだ。

私が注目したのは、アルビオンの業績であった。アルビオンは、章一が営業本部長に就任した九八年度から二〇〇八年度までの一〇年間で売上高が二六五億円から四七〇億円へと一・八倍に拡大、めざましい成長を遂げている。それもグローバリゼーションの影響による不況が襲った二〇〇〇年代最初の十年間にもかかわらず、である。因みに、日本の化粧品産業界全体は、一兆四七九七億円から一兆五〇〇〇億円と微増に留まっている。それに、分母の規模が小さいとはいえ、アルビオンは創業以来ずっと増収増益を更新しているのだ。

小林はどうやって業績を高めたのか。成長の秘訣は何か。そもそも小林というのはどういう人物なのか。私は小林に興味がわいた。特に、名門の三代目の「御曹司」という点に好奇心をそそられた。

しかし、実際に会うと、私の「御曹司観」は見事に打ち砕かれた。小林は、実に気さくな、人間味溢れる人柄で、それでいて何事もアグレッシブな面を持ち合わせていた。

感心したのは、私のどんな質問にも「解」を持っていることだった。質問にはまずはキーワードで答え、それから具体例を挙げて、私が「なるほど」と頷くまで、エネルギッシュな口調で説明するのだ。

——社長とは何でしょう？

「いないと会社が潰れる存在じゃないですか。というのは……」

——社員とは何だとお考えですか。

「すべての社員は、社長である私の代理ですよ。だから……」

——経営者とは何をする人ですか。

「お客様に感動を与え、お客様を満足させるような商品とサービスを提供する人です。売り上げや利益はその結果上がってきます。それを履き違えている経営者が多い。たとえば……」

実に明快に答える。しかも、その間は笑顔を絶やさない。答えた後は必ず、「どうですか？」と意見を求める。一方的に話すのではなく、常に相手の反応を窺い、随所に気配りをする。気配りはするが、決して相手におもねるようなことはなく、相手に迎合するようなことも言わない。

そのときの対談がきっかけとなり、私は小林と頻繁に会うようになった。


小林は、大学を卒業すると西武百貨店（当時）に入社、そこで二年半勤めた後の一九八八年、アルビオンに入社した。跡取りは既定路線であり、社内ではすんなりと受け入れられたが、入社二年後には早くも事業家精神を発揮し、社内にその存在を知らしめるのである。

入社してから五年間、小林は、次々と新しい海外ブランド事業を立ち上げ、成功させる一方、思いきった経営革新を断行するのである。因みに、小林が立ち上げた海外ブランド事業は、「ブルガリ」ブランドのおしぼりやスキンケア、「アナ スイ」ブランドのコスメティック、「ポール＆ジョー」ブランドのコスメティックの三つ。

さらに、注目すべきは、営業本部長時代から今日までに行った、業界の常識を打ち破ったイノベーション（革新）の数々だ。百貨店・専門店など取引先である販売店の大幅削減、商品アイテム数の絞り込み、返品引き取りの実施、それに営業マンの少数精鋭主義化、ＢＡ

（ビューティー・アドバイザー、いわゆる美容部員のこと）の人材育成の強化……。いずれも、大胆な経営改革である。

今日のアルビオンの飛躍は、そうした小林章一が手がけたイノベーションの結果である。

現在、アルビオンは、このデフレ不況下にもかかわらず、高級品一本槍のビジネスモデルで「勝ち組」企業となっている。昨今、「勝ち組」と称されている企業は、「ユニクロ」を展開するファーストリテイリングや、日本マクドナルド、あるいは家具・インテリアチェーンのニトリなど、品質のよい低価格商品を提供し、ローコストオペレーションによって利益の出る体質のところがほとんどである。アルビオンのような、一点数千円、商品によっては数万円もする高級化粧品のマーケットを対象にしているメーカーなど、皆無である。まさに、小林はデフレ不況の中、新しいビジネスモデルを構築しつつあるのだ。

私が小林に興味を持った最大の理由も、三代目の「御曹司」にもかかわらず、旺盛な改革マインドを持ち、数々のイノベーションを実行してみせた点にあった。

私は長年にわたって企業トップへの取材を重ね、その数は五〇〇人をはるかに超えている。しかし、小林のような三代目経営者は初めてだ。

社会に新しい価値を創造するような新事業を起こす経営者というものは、たいていの場合、創業経営者である。また、画期的なイノベーションを行う人は、業界の新規参入者に多い。

流通革命を行ったダイエーの中内㓛《なかうちいさお》しかり、トランジスタラジオを世界中に売りまくったソニーの井深大《いぶかまさる》しかり、「警備」という新しい概念を日本に植えつけたセコムの飯田亮《いいだまこと》しかり……。いずれも流通の素人であり、エレクトロニクスの新参者であり、セキュリティとは無縁の人であった。

ドライな経営改革や流通改革を行い、海外ブランドの高級化粧品という新しいマーケットを創造した小林章一は、しかし、過去のいずれの類にも当てはまらない。

イノベーションの重要性だけではない。小林は不易なるもの、守るべきものが何たるかを知っている。競争力の強い企業の経営者は、「まず守りを固め、それから攻める」ということを認識しているのだ。守るべきは経営理念、創業哲学だけではない。遵法精神を守り、不祥事や災害から守る。攻めるのは、それからだ。その順番を間違えると命取りになることがある。創業文化を継承し、時代の変化に対応して、変革する。アルビオンという企業の中には、バブル崩壊以降の日本企業が、グローバルスタンダードという名のアメリカ化の中で、失われつつある社員の会社へのロイヤルティ（忠誠心）、モチベーション（動機づけ）、情熱、連帯感、チームワーク、それに顧客第一からくる顧客への感謝が、見事に息づいている。その上での改革であり、イノベーションなのである。

イノベーションを行うこと、まして、そのイノベーションを続けることは過酷なことである。なにしろ、過去の成功を捨て、過去の自分を否定しなければ、それは実現できない。現在に安住していては革新できないのだ。

普通は二代目、三代目となると、創業者の起こした事業を維持・持続することに経営資源を集中する。明日を生きるために、目先の稼ぎ、現在の事業のみに専念しがちだ。まして、海のものとも山のものともつかない新しい事業や、初代から引き継いだ事業そのもののイノベーションには着手しない。

しかし、会社の業績を維持するためには、イノベーションは欠かせない。まさに、「保守したくば改革せよ」なのである。ところが、ほとんどの二代目、三代目は、イノベーションをしない。いや、普通はできないのである。事業を踏襲することにのみ汲々としていて、とてもリスクのある事業革新などできないのだ。二代目、三代目が会社を潰すといわれる所以である。

私は、経営者というのは「決断する人」と規定している。決断することは過去を否定することである。つまり、経営者はまず自分を否定することから始まると考える。

そんなイノベーションを繰り返し行ってきた小林は、自分を否定して動じないきわめて意志力の強い人物なのかもしれないが、こんな三代目はいまだかつて見たことがない。

もうひとつの興味は、小林の旺盛な企業家精神である。

私はこれまで、企業家精神は、気質や性格から生まれるとばかり思っていた。ところが、小林の幼少の頃から学生時代に至るまでの半生をたどっても、目立たない、おとなしい性質だった。それが、アルビオンに入社すると、人が変わったように企業家へと変貌する。そのマインドはどうやって培われたのか。

イノベーションと企業家精神はどんな人でも、どんな企業でも実現できる。小林はそのことを証明してみせたのである。小林は、変化を当然のこと、健全なこととし、企業家とは秩序を破壊し、解体する者であることを地で行くようなビジネス人生を歩んでいる。小林は決して、特別な才能を持ち、特別な能力に恵まれているわけではない。普通の人である。そんな普通の人でも、ここまで変われるのだということを証明してみせたのである。

しかし、小林が変貌を遂げられたのには理由があるだろう。それは何か——。

私には、小林の中に「幸せな成功者」を垣間見る思いがした。単なる「成功者」ではない。「幸せな成功者」である。私は長年にわたって、成功者たちを追い続けてきた。創業経営者、サラリーマン経営者、起業家、ニューリーダー等々、その対象は多岐にわたっている。成功する経営者像というのは共通点がある。幸せな成功者になるための条件は八つあると考えている。

①逆境でも「自分は運がいい」と思える人
②小さい頃から「夢」を持っている人
③「志」を持っている人
④諦めない人、くじけない人
⑤変わり身の早い人、過去を引きずらない人
⑥大きな成果を上げ、実力を認められたことがある人
⑦気配りのできる人
⑧家族の理解と協力がある人

真に「幸せな成功者」とは、実現させたい自分の夢を持ち、何より、そんな「夢」を追い続けることが可能な環境にいる人のことだ。これは私が、五〇〇人を超える一流のトップ経営者と間近に接してきた中で痛感したことである。それは、サラリーマン経営者の中にも、企業家の中にも、あるいは市井のビジネスマンの中にもいる。彼らの共通点は、何より、自らそんな環境をつくり上げているということだ。

彼らは誰も単に生活のために働いてなどいない。形にならない「何か」を求め続けるような人ばかりである。彼らがいま、成功者となっているからそうなのか。いや、違う。そういう人だからこそ、大きな成功を手にすることが可能になったのだろう。そして、実はレベルを問わなければ、誰でも成功することはできる。人生でいちばんうまくいく時期というのは、誰にでもある。そのとき、その人なりに成功を手にしたといえる。だから、時間の流れを無視すれば、誰もがひとかどの成功者なのだ。

ところが、時は無残に流れていく。手にしたかに見えた成功も、すぐに過去のものとなる。成功しても、成功者であり続けることは容易ではないのだ。成功を追い求め、確かにその目標を達成し、名声も獲得した。でも、ここで終わりだ。人生これ以上やることはない。

幸せな成功者は違う。彼らも当然、成功はしたかったろう。しかし、彼らの「ゴール」は決してそこに設定されてなどいない。成功するプロセスを通して、もっと成し遂げたい目的があるのだ。夢があるのだ。たとえば、大きな成功を収めながら、なお日々、人々の暮らしや安全を守ることに使命感を燃やし、気まぐれな地球と格闘し続けている人。大きな成功を収めながら、なお日々、人々の食と生活の向上に挑戦し続けている人。大きな成功を収めながら、なお日々、日本人金メダリストを次々と輩出させることに情熱を傾けている人……。

さらに、幸せな成功者は、常に「いまの自分は幸せだ」と思える人たちだ。

人間誰しも、ほとんど同じような経験をしている。マクロの視点で見れば、人間の人生など大同小異である。にもかかわらず、やはり全然違う。何が違うかといえば、基本的な考え方が違うのだ。だから同じようなことをし、同じように月日を重ねながら、同じスタートラインに立っていたはずのAさんとBさん二人の人生が、気がつけば遠く隔たったものになってしまうことが起こる。しかも、しばしば起こる。同じような体験をしたときでも、成功する人は、「ああオレはなんて運がいいんだ」「自分はラッキーだ」「大事なことを教わった」と思える人、特に失敗や挫折をして、なお「幸運だ」「得がたい経験だ」「いいことを学んだ」と捉えられる人、この姿勢がツキを呼ぶし、運を呼ぶ。失敗したときでも、その原因を他人のせいにしたり、タイミングや環境のせいにしたりせず、すべて反省の機会に置き換えられる人。「いま失敗して、よかった」と思える人だ。

逆に、幸せになれない人は、いつも受け身で考えている。「私はあなたの言う通りにした。だから悪い結果はあなたのせいだ」と、都合の悪いことはみんな相手のせいにする。事業がうまくいかないとき、「オレはなんて運が悪いんだろう」とか「ツキがないんだろう」と悲観する人は、成功しない。

それらの条件を兼ね備える小林は、「幸せな成功者」を体現しているように思えてならない。

小林章一という人物の存在は、私たちに多くの示唆を与えてくれる。イノベーションを起こすことは決して特別なことではない。過去を否定し、変化を決断し、実行する。ただそれだけのことで、どんな人にも変革は起こし得る。すなわち、イノベーションとは、人の意思なのである。小林はそれを証明してみせた。

小林は変化を当然のことと位置づけている。変わらない限り、明日はないという危機意識があるからだ。だから、小林は毎日、変わり続けようとしている。その姿を通して、強い危機意識があれば、人間は誰でも自分を変革し続けることができるということを、私たちに示し続けているのである。

三代目の御曹司といえども、小林にはサラリーマンの経験がある。二年半という短期間ではあるが、組織の中で働くことの厳しさ、チームプレーの難しさ、上司との距離の置き方、上司への説得の仕方、上司のあるべき姿に至るまで、ヒラ社員の目からマネジメントをつぶさに見てきた。いかにすれば、社員のモチベーションやモラール（やる気）は高まるか。リーダーの役割は何か。組織が活性化するには何が必要なのか。下から見た上司と組織と会社。小林のマネジメントの原体験がそこにある。

しかし、人間は環境に弱いものである。そんな経験をしている小林でも、トップの座に就くとつい忘れてしまう。社長の自分に文句を言ってくる者は誰もいない。しかも、上がってくるのは心地よい情報だけである。周囲はみんな、イエスマンに成り下がってしまっている。自分自身への怒りや憤りを感じることも、反省することもなくなっている。このままではいけない。そこで、小林が始めたのが、タップダンスへの挑戦である。タップダンスが自己啓発の機会にもなっているのである。

小林は、週末にプロのコーチに学び、毎朝自宅で練習に励む。健康管理のためには違いないが、自分がダメな人間であることを自覚するよい機会ともなっているという。「会社では社長の私に、誰も文句を言う人はいない。つい天狗になりがちです。ところが、好きなタップダンスが上達しないときほど、能力のない自分を腹立たしく思うときはないですね。自分が情けなくなる。ああ、オレってダメなんだなと。そう思う唯一の時間が練習のときなんです。人は、自分の弱い部分を自覚しないと、つい傲慢《ごうまん》になってしまう」。そう戒めるように言うと、天真爛漫に声を上げて笑うのである。

小林は現在四六歳。経営トップの中では、まだ駆け出しのほうだ。今後、アルビオンをどのように変えていくのか。未知数の部分が多い。しかし、毎日変わり続けているのは事実だ。

そんな小林流の生き方を、現在の企業トップに、管理職に、若きサラリーマンに、学生諸君に知ってもらいたい。本書に出てくる人間・小林章一の知られざる素顔、率直な語りに、自らを重ね合わせてみてほしい。そして、夢を持つこと、勇気を持つことが自分の世界を変えるという真実を感じ取ってほしい。元気が出る人間に変身し、新たな人生へとチャレンジしてもらいたい。

本書は、これまで私が行ってきた雑誌のインタビューに、新規に行った取材を加え、構成したものである。小林章一さんには、雑誌インタビューに応じていただいたばかりでなく、今回も多くの時間を割いていただいた。単行本化にあたっては、隔月刊誌『セオリー』（講談社）編集部の協力を得た。共に心から感謝申し上げたい。

末尾ながら、本書に登場する方々の敬称はすべて略させていただいた失礼をお詫びしたい。

二〇一〇年一一月

大塚《おおつか》英樹《ひでき》

第一章

なぜアルビオンは成長し続けるのか

過去誰もが手がけなかったことに挑戦する

小林　お取引先様やお客様をはじめ多くの方々のおかげで、アルビオンはここまで順調に成長することができました。正直に申し上げて、売り上げや利益が増えるのは嬉しいことです。しかし、それはあくまで結果であり、目的ではありません。

数字がよかったからといって、喜んでばかりもいられません。会社というのは、大きくなればなるほど、守ろうとする傾向が強まります。規模を守ろう、数字を守ろうとするあまり、保守的になってしまう。

だから私は、アルビオンの原点である「過去誰もが手がけなかったことに挑戦する」という企業風土の復活を図っているのです。アルビオンは高級化粧品専門メーカーです。時代が変化していく中で、常にお客様を感動させる商品とサービスを提供しなければならない。それは決して生易しいものではないからです。

化粧品産業は、変化が激しい。私は常に、これでいいのだろうかと危機感を持っています。

「アルビオンは一九五六（昭和三一）年の創業以来、二〇〇九年三月期決算まで五二期連続増収を続けました。二〇一〇年三月期は返品引き取り実施による流通不良在庫の一掃のために業績は少し落ち込みましたが、一〇年上期は売上高、営業利益とも前年同期比で高い水準で伸びています。相変わらず好調ですね」

こう水を向けると、アルビオン社長の小林章一は、厳しい表情で答えた。

アルビオンの業績は好調に推移している。九九年三月期から二〇〇九年三月期までの一〇年間で、総売上高は二六五億円から一・八倍の四七〇億円、営業利益は二〇億円から三・六倍の七二億円へと増加している。総売上高四三三億円と業績を下げた二〇一〇年三月期でも、営業利益は四〇億円という高い数字を維持している。二〇一〇年四～九月期も好調で、総売上高は前年同期比三・五％増の二三六億円、営業利益は同三・二％増の三八億円となっている。

ここで注目すべきは、アルビオンの売上高営業利益率の高さである。因みに、二〇〇七年には一六％、〇八年一七％、〇九年一五％、一〇年九・二％（いずれも三月期）、そして一〇年上半期も一六・一％と、他に類を見ない高い数字をたたき出している。日本の化粧品産業の売上高営業利益率はせいぜい六～八％、アルビオンの三分の一の水準である。

いうなれば、アルビオンは人も羨む高収益企業だ。コスト削減や値下げなどで体力を削りながら激安競争に参入している企業と、同じ舞台に上げて論じることはできない。

驚異的ともいえるアルビオンの成長に大きく貢献しているのが、次々に誕生したヒット商品だろう。中でも、ハトムギエキス配合の化粧水「エクサージュ　薬用スキンコンディショナー　エッセンシャル」は年間一〇〇万本を販売するロングセラーとなっている。また、基幹商品であるスキンケアシリーズ「エクサージュ」と「エクシアＡＬ」は好調に推移し、全売上高の四割近くを稼ぐ主力商品となっている。さらに、アルビオンが手がける海外の人気ブランド「エレガンス」「アナスイ」「ソニア リキエル」「ポール＆ジョー」なども、堅調な売れ行きを示している。

アルビオンの好調の秘訣は何か。

小林　危機感でしょうね。

いま、化粧品を取り巻く環境は激しい変化が起きています。

日本国内で買える化粧品のブランドは、この二、三十年間で圧倒的に増えました。販路も専門店と百貨店くらいだったのが、いまではスーパーマーケット、ドラッグストアチェーンや一〇〇円ショップ、さらに通販へと広がっています。同時に、女性誌だけでなくインターネットの普及により、美容や肌に関する情報量も飛躍的に増えました。

その結果、お客様の化粧品の選び方も変わってきました。以前は、輸入品か、国産かが選ぶポイントで、すべてのアイテムをひとつのブランドで揃えるのも当たり前でした。それが、いまはＴＰＯや自分の肌に応じて、さまざまなブランドを使い分けています。

そういう時代だからこそ、商品一つひとつがお客様の心や感性に響かなければならない。

つまり、ひとつの商品がひとつのブランドだという考え方をしなければならないと思います。

一つひとつの商品で、お客様の心や感性に響くことを目指すには、少ない品数で勝負している老舗や新しい会社が参考になります。規模は小さくてもダイナミズムに溢れる会社はいっぱいあります。もちろんシステム的なことは大手さんが参考になりますが、最近は小さな会社に学ぶ点がとても増えましたね。

デフレ不況下でも、顧客が感動する商品をつくり続ける

もうひとつ、強調しておかなければならないポイントがある。

デフレ不況が長引く中で、いまや低価格志向がいっそう強まっている。衣料品、スポーツ用品、食料品、ファミリーレストラン、ファストフードなどで激安合戦が過熱していることは周知の通り。化粧品業界も決して例外ではない。

しかし、アルビオンは、一点数千円、商品によっては数万円もする高級化粧品だけで勝負し、この時代に結果を出している。なぜなのだろうか。高級品のマーケットは低価格志向に影響されないのか。

小林　まず、高級品とは何かということです。高級品は、単に価格だけで分類できません。お客様が商品を手にしたとき、非日常的なワクワク感やドキドキ感を与えられるのが高級品と言えるのではないでしょうか。予想をはるかに超えた使用感は、結果として感動や幸福感につながります。これは、既存の商品ではなく新しい価値を持った商品だからこそです。つまり、これまでにない感性に訴える商品をつくり続けることが高級品専門メーカーの使命なのです。

低価格志向とは、並んでいる商品の値段以外には感動しない商品であるということです。提供する側も、新たな付加価値がないから低価格にしているのです。もちろんこんな時代ですから、良質な低価格品へのニーズがあることは否定しません。ただ、高級化粧品は女性にとって宝石のようなもの。夢や感動を売るビジネスなのです。

おかげさまで、「アルビオン」ブランドのスキンケアは一定の評価を得ています。大々的なキャンペーンや広告を打ってきたわけでもないですが、多くのお客様に認知していただけている。化粧品の九五％以上は発売初年度が売り上げのピークですが、本当に力のある商品はインターネットの口コミなどで徐々に売れていきます。中には発売から五年間、広告を一切打っていないのにもかかわらず、インターネットの口コミで評判となり、結果として売り上げが上がっている商品もあります。

極端な言い方をするなら、高級品ビジネスは商品力と接客力だけで勝負できます。お客様が感動してくださることこそが原動力なのです。その基盤さえ揺るがなければ、マーケットは口コミで広がっていく。アルビオンは広告宣伝で伸びた企業ではないと胸を張って断言できます。

小林の口からは、「感動」というキーワードが頻繁に語られる。

化粧品を使っていただいたお客様に感動していただくこと。これはメーカーの方針としてはまだわかりやすい。しかし、アルビオンの「感動」は決してそれだけにとどまらない。化粧品販売店を、取引先を、そして社員を感動させ、全員を巻き込んでいくこと。これこそが、アルビオンの「感動経営」なのだ。

チーム力発揮のコツは「オン・ザ・テーブル」

小林は、リスクを取ってでもつくりたいものをつくる、新しさという付加価値を最重視するという。アルビオンは実際に、「エクサージュ」の化粧水「薬用スキンコンディショナー　エッセンシャル」や乳液「モイスチュア　ミルク」など、いくつものヒット商品を世に送り出している。マーケティングのポイント、消費者の感性に訴える商品づくりの秘密はどこにあるのだろうか。

小林　基本的には、「こんな商品欲しいですね」というところから始まるわけですけど、いちばん大事なのは、やはり「肌でつくる」ってことですよね。

「肌でつくる」とは、少々理解しづらい。

小林　理屈ではつくらない。徹底的に肌でテストしながらつくるという意味です。食べ物は美味しいかどうかでつくるものであって、健康やエコロジーのためにつくるわけではありません。アルビオンの商品は、特許を取った新しい原料を使うこともあるし、既存の原料を使うこともあります。でもそれは枝葉の話で、原点は実際に肌で良い商品だと感じていただけるかどうかです。

最近ダイソンという掃除機が売れていますよね。実は我が家の掃除機もダイソンなんです。これが、ものすごい轟音なんです（笑）。家族になぜダイソンを買ったのか聞いてみたら、吸い取る力がいちばん強いから、というんですね。ただそれだけなのです。掃除機の本質的な機能はゴミを吸い取ること。

物事はシンプルでなければいけない。化粧品は毎日使うものですから、肌で良い商品だと感じていただかなければならないのです。

大きな声では言えませんけど、当社の商品開発メンバーの肌は、自分の肌でいろいろ試しているせいで、ボロボロです（笑）。でもボロボロの肌でやっているからこそ、逆に良さがわかるのです。本当に頭が下がりますが、そこには良いものを肌でつくっているんだというプライドがある。最後はお客様に喜んでほしいというプライドですね。でもそこがアルビオンの良さであり、アルビオンの商品を支えている強さでしょうね。

二、三回の打ち合わせで、一回だけテストして売り出したようなものでは売れるわけありません。日本のメーカーはほとんど理屈でつくることが多いように思います。アルビオンは、テストしたいと思ったらとことんまで、何十回でもやります。それもたったひとつの新製品について。追求するにはその方法しかないんです。残念ながら、そこにミラクルはありません。

肌でお客様に違いを感じてもらえるかどうかにしか、私は興味がない。食べ物でも舌で感じて「うまい！」って言われるのと、「まぁ、この値段でこの味ならまずまずかな」と思われるのでは、まったく意味が違います。

アイテムの数を昔に比べて減らしたのですが、効率を上げたいということ以上に、同じ人数でそんなにたくさんの新製品はつくれません。いまのテストのクオリティを保つのなら、まず無理なんですよ。でもその分、一品一品の新製品が前よりも何倍も売れますから、アイテム数を減らしても問題はないんです。

化粧品の商品サイクルはどうなのか。エレクトロニクス産業では、ひとつの商品が概ね四ヵ月くらいのパターンで新製品が出たり、後追い商品が出たりしている。

小林　これまでなら、半年後、一年後には出せました。でも、いまではかなり時間がかかります。他社に真似されるとしても、一年以上かかるのではないでしょうか。私たちは最後の仕上げは、女性が手作業で一個一個やっていますからね。普通はそんなに手間をかけません。ただ私たちはいままでにないものをつくらなければならないわけですから、そこまでやらなければ高級品はつくれないのです。

高級品は差別化された商品です。そもそも高級ですから、まず値段が差別化されています。でも同じ中身を高く売ることはできません。だからといってどんなに最高級の成分を使っても、肌で差別化できない、つまり肌で良さが実感できないものでは何も意味がないわけです。肌に優しくて、仕上がりがきれいなものじゃないと、高級品なんて誰も買ってくれませんよ。「エクサージュ」というスキンケアシリーズだから〝潤い〟重視とか、「アンフィネス」というスキンケアシリーズだからエイジングケアというだけでなく、いままでにないものを一品一品どれだけつくれるかにかかってくるわけです。

これは断言できますが、商品というのは今後、必ず単品になります。ブランドだからって売れているわけではないんです。

日本の化粧品メーカーはブランド・シリーズで勝負してきた。欧米のような単品主義で売ってこなかった。

小林　日本の化粧品事情というのは、ラインというか、シリーズで売るのが一般的です。一方でヨーロッパやアメリカは完全に単品主義です。商品ごとにマーケティングしています。日本とはマーケティングも商品づくりもまったく違う。だから、欧米の化粧品は見ていて面白い。私は、日本もこれからよりその傾向が強まっていくと睨んでいます。

では海外メーカーをM＆Aすればいいかというと、そう単純でもありません。本当に巨額の投資に見合うのか、疑問に思います。私なら、そんな資金があるのならば、自分のノウハウで一品一品、他にないものをこしらえて、しっかりと接客してお客様に満足していただく道を進みますね。

パッケージや容器のデザインはどのように決めているのだろうか。

小林　まず社内にいる専門のデザイナー何人か、あるいは全員で徹底的にスケッチを描いてもらい、いろいろなメンバーによる投票を何度も何度も繰り返します。〇九年秋の「エレガンス」ブランドのリニューアルでは、スケッチだけで四〇〇枚以上描いてもらいました。大体一回あたり二〇枚くらい用意するので、二〇回以上はやり直した計算になります。やり直せばいいと言いたいのではなくて、もちろん数回で決まればいいんですけれど、結果としてそうなってしまうんです。量がなければ質は生まれません。そこにもミラクルはないんですよ。

こういう場合、他部署のメンバーにも意見をどんどん言わせるようにしています。ある程度煮詰まってきた時には、商品開発部門やパッケージデザインとはまったく関係のない部署の女性を大勢呼んできます。デザイン画を見た時に「わあっ!」って声が上がるのか、「えーっと、このなかで言うとしたら、これですかね?」って言うか。後者の場合はダメです。全部やり直し。前者の場合は、まるで宝石を目の前にしているような表情になります。変な話、化粧ポーチまで新しくしたくなるような商品をつくりたいと思っています。

あくまで私個人の見解ですけど、新商品をつくっていてつくづくおもしろいのは、アーティスティックな側面というのは個人からしか生まれないんです。一方で職人的なつくり込みはチームの作業でなければ得られない。一人の人間が、原料を買うところから完成品までをアイデアだけで貫徹することは絶対不可能で、そこにはいろいろな専門部署から、容器のプロ、中身のプロ、中身の装飾のプロ、生産のプロ、とにかくいろいろな専門家が集まって、つくり込むしみんなオン・ザ・テーブルで、ああでもないこうでもないとワイワイやって、つくり込むしかない。商品化の過程はリアライズですから、絶対にチームで取り組まないとできません。

でも、最初のアイデアは、みんなで議論しあうと最大公約数的になっていく。五人のアーティストが発想したものの最大公約数、もっと単純に言えば、足して五で割ったような、突き抜けないものになってしまう。

これは経営者として言っていいことなのかどうか迷いますが、直近の「エレガンス」の商品開発で何をやったかというと、社内からリニューアルの商品案を出させたのですが、どうしても過去の枠から抜け出せなかった。そこで私は、アルビオンと全然関係のないメイクアップアーティストの女性を連れてきて、コンセプトを説明したんです。するとアイデアを勝手に出してきた。それが抜群におもしろい。でもいままでのわれわれの常識や、生産技術ではつくれない商品なんですよ。生産現場のプロを集めてみても、みんな無理だ、絶対できないって言うんです。それならぜひやってみようと（笑）。変えるということは、そこまでやらないといけないんです。

「エクサージュ」も「エクシアＡＬ」も「イグニス」も何回かリニューアルを行っていますが、共通しているのは、「前よりも圧倒的にいいものを」、そして「他に絶対にないものを」ということです。私はその部分を徹底的に追求します。


ここで強調したいのは、企業の価値をつくり出すのは、経営者であり、そこで働く社員であるということだ。だからこそ、小林は社員全員を巻き込む。一方で、突き抜けたアイデア、ひらめきの貴重さもよく理解している。

経営者は、どちらか一方に傾きやすい。併せ持つことが重要なのだ。

この時代になぜ高級品が売れるのか

小林章一の商品づくりへのこだわりを聞いていると、デフレが止まらず、低価格志向が続く日本の行く末をどう見ているのか気になってくる。

小林　結局、つまらないから低価格志向なんです。低価格にするということは、メーカー自ら自分の商品の価値を落とすことですから、結局は商品に自信がないだけなのです。自信があれば、一円でも高い値段をつけるように努力しますよ。要は、高級品っていったいなんだろうということです。

若い頃、駐在先のパリで高級レストランの味に感動したんです。そこでシェフに「あなたは職人ですか？　それともアーティストですか？」と質問したら、しばらく考えて「両方です」と答えました。まさに本物をつくるというのはアイデアやコンセプトを決めるアーティストと、それを形にする職人の両方が必要なのです。アルビオンも、彼のようにアーティストと職人、その両方が大切なんだろうと思っています。

いままでにないものをつくる。お客様が「これはすごい！」と驚くような商品をつくらないとダメです。いままで誰も思いつかなかった、突拍子もないアイデアを出し、それを形にする。高級品っていうのは、その両方が求められると考えています。

値段は付ける人の意思です。しかし、それは商品の対価としてお客様に認めていただかなければならない。値段を下げる人は自分の商品に自信がないからです。もっと言えば、その金額ではお客様に喜んでいただける自信がないからではないかと思います。

新製品開発の際は、社員たちにその商品をいくらで売るつもりなのか聞きます。そこで八〇〇〇円という答えが返ってきたら、なぜ一万円ではないのかと聞き返します。

私はいつも決まって「もっと値段を上げようよ。前の商品よりも、いいものをつくったんだろう。じゃ、なぜ値段を上げないんだ」とけしかけるんです。一万円で売る自信がないものは、八〇〇〇円でも売れません。

つくっているメンバーには、「いいですよ、一万円で売りましょう。自信ありますから大丈夫です」と言ってほしい。そのくらい自信を持ってつくってほしいのです。もちろん最終的には八〇〇〇円で出すんですけどね。

確かにアルビオンの商品を見ていると、値付けが堂々としている。この商品のために五万円出していただかなければいけない、というのではなく、五万円でも安く感じていただきたい、という雰囲気を感じる。そう言うと小林章一は笑った。

小林　本当はそれでもいけない。一五万円でもいける自信があるのですが、五万円でいきましょうというくらいの気持ちでないと、絶対売れませんよ（笑）。

衣料品を九八〇円にするか、一〇〇〇円にするかが話題になっているなかで、八〇〇〇円も一万円も変わらないという小林の考え方は、もはや痛快ですらある。そういう心意気の根底にあるのは、サービス力だ。

小林　一品一品に、どれだけ思いと情熱が詰まっているかがポイントなんです。上司から言われたから、間に合うように適当につくったのか、そうではないのか。

すべてを原点に立ち返って見直すのが小林章一の流儀なのだとすれば、もともと高級化粧品専門メーカーとしてスタートしたアルビオンが、いまでも高級品にこだわり続けていることにも何らかの判断があったはずだ。なぜマス・マーケットにはいっさい手を出さないのか。

小林　アルビオンのマーケティング本部長になった九五年頃の話ですが、アメリカのブランドも何か手がけたいと思って視察旅行に出かけました。その途中、スーパーマーケットへ行ったとき、棚に吊るしてある化粧品を見て、安さに驚愕したわけです。アメリカのマス・マーケットの商品は、価格がふつう二、三ドル、せいぜい四、五ドルです。

アルビオンやアルビオングループの商品の原価と照らし合わせると、一生逆立ちしてもそんな値段ではつくれません。もちろん生産数量の違いがありますけど、私たちが使っているプラスチック容器だけで、その販売価格を超えているわけですから（笑）。そのくせ、そういう商品をつくっているメーカーは一〇〜二〇％前後の営業利益率を確保している。

当時日本でも、マツモトキヨシさんに代表されるようなドラッグストアチェーン業界が形成されてきて、マス・マーケット向けの商品がいっぱい出てきたところでした。アルビオングループも、そういう世界に参入したら簡単に売り上げが伸びるかもしれないと考えたこともあったのです。

そこでアメリカの商品を見たときに、「どうやってアルビオンはこれを超えていくのか」と真剣に悩みました。法令もどんどん改正されて、より廉価な輸入品が入り込むようになったとき、アルビオンは勝てるのか。それはアルビオンに関わるようになって最初に会社のメンバーに投げかけた疑問だったんです。結論としては、安くつくることにおいてアメリカの会社には絶対勝てない。売り上げを上げるだけではなく、商品一品一品の個性や独自性を追求することで利益率をとるしかない。これからもアルビオンは高級品のみで生きていくしか「勝てない」と思ったんです。

ある雑誌に「デフレ不況の元凶」と書かれて、ユニクロを展開するファーストリテイリング会長兼社長の柳井正は憤慨した。ユニクロはジーンズを八八〇円で売っても利益が出るシステムをつくっているのであって、ただ値引きして赤字をつくってしまう会社とは違うのだと。小林の話は、表面上は正反対だが、本質はまったく同じだ。

高価格でも買っていただける仕組みをつくっているのであって、ただ高い値段をつけているのではない。プライシングのコンセプトが違うのだ。

アルビオンの成功の秘密を窺わせるような最近の商品開発の具体例を紹介しよう。

リスクを冒してでも、「夢」と「感動」を与えるモノづくりを

アルビオンは二〇〇九年一一月、エレガンス社との提携によるブランド「エレガンス」の独創的な新商品を投入した。アイカラーも、口紅も、化粧することの楽しさを提供する商品である。アイカラーなどは、何種類もの色が波をデザインしたように小刻みに埋め込まれていて、見るだけでも楽しい商品となっている。従来のメイクアップ化粧品の価値観を変えた新コンセプトの画期的化粧

品と言える。リニューアルを思いついたのはいつ頃だったのだろう。

小林　構想は三年くらい前、実際に動き始めたのは二年前ですね。ずいぶん失敗も繰り返しました。しかし、工場にはその分、他社にはないノウハウが蓄積されました。社内のコミュニケーションが以前より活発になったのも大きな収穫です。

私は、高級品とは、いままでにないものだから高級品だと思うんです。付加価値を構成する大きな部分は、新しさだと思うんです。いままでなかった商品ですね。それがお客様の心に響けば、売れる高級品になる。高級品メーカーは、そういう商品をつくる努力をしなければいけない。

もちろん、売れるか売れないかはわかりません。お店様からも、こんなに変えてしまっていままでのお客様はどうするのかって言われてしまうこともあります。そのリスクを負ってでも、新しい商品づくりに挑戦するのが高級品メーカーの使命だと思うんです。

アルビオンにとって、スキンケアやファンデーションはとても大事な商品ですから、毎年設備投資をしています。ところが、ポイントメイクはここ二、三十年一度も設備投資していなかったんです。アルビオンの原点は、人がやったことがないもの、前例がないもの、いままでなかったものに挑戦することだろうと思い直して、「エレガンス」をゼロからリニューアルしたんです。

小林章一はそう言って、口紅を取り出した。

小林　「エレガンス」の新しい口紅です。今回は億単位の資金をかけて設備を導入しました。それも特注で、この商品をつくるためだけの設備なんです。私の父である会長（小林英夫）は心配していましたが、これは行くしかない、それだけの価値があるから、今回だけはやらせてほしいと説得しました。それでリスクを負ってみたんです。

実は、リスクを負わないやり方もあるんですよ。どうすればいいかというと、外部の協力会社にお願いすることです。協力会社さんにリスクを取っていただいて、おもしろい商品をつくるわけです。一時期、アルビオンも外注が多くなってしまったことがありました。でもちょっと待てよ、何か違うぞと思ってしまった。外注頼りは確かに楽です。金型代もかからない。うまくやれば在庫も保管してもらえる。でもその協力会社さんは、同じものを世界中のメーカーに売るわけです。商売だから当然です。

ところがリスクを負うと、いろいろとおもしろいこともあります。それまで工場のメンバーは、商品開発と研究所で決めたものを、その通りにつくっていただけなんです。ところが今回、工場の担当者が集められて、「俺たちみんなで新しいものをつくるんだ！」って私がハッパをかけたわけです。商品開発のメンバーも入って、「これではダメだ」「もっとこうしてください」ってワイワイやりながら、私も入ってみんなで立ったまま何度も会議をする。そうすると、つくっている自分たちがワクワクしてくるんです。

何をつくるか方向性が決まると、それは特注の機械でないと無理なことがわかってきました。そこで専用の機械をゼロからつくるわけです。通常の三倍くらい時間がかかるんですけど、機械屋さんは俄然おもしろがっていました。それが職人さんの真骨頂なんです。「こういう商品をつくる機械をお願いしたいんです」と言うと、「ええっ、これは全部特注になりますから高くつきますよ、時間もかかりますよ」「でもやりたいんです」「ではしょうがない、ゼロからになりますけど、わかりました」というやり取りがあって。でも機械屋さんたちはそれを意気に感じてくれるわけです。それではひとつやってみようと思ってくださる。

この口紅は三年前から構想して、本格的に動き始めてから完成までに一年半くらいかかりました。機械をつくるだけで半年くらいの時間を要します。

やや興奮気味に、小林章一は口紅の中身を見せてくれた。

小林　「エレガンス」の「スパイスショット　ルージュ」という商品です。まず口紅に、まったく違う色の線が入っていますよね。これは色はついていますけど潤い層なんです。要するに口紅は、長い間付けていると唇がカサカサになってしまう。唇自身に潤いがなくなってしまうんですね。そこに潤い層が付くことで、より唇が立体的にふっくらと見えるわけです。いままでは別々に付けていたのですが、これは一本で実現できます。こういう商品はいままで世界になかったんです。

色の組み合わせによって、出やすい色は硬くプレスして、あまり色が出ないように工夫してあります。色が出てほしいものはやわらかくプレスして、出やすくしてあるんです。一色一色全部そうやってプレス圧を変えてあるんです。

こういう作業を、もちろん普段「アルビオン」でもやっているのですが、少し臆病になりすぎて、自分たちでも忘れていた。同じ仕事を何十年もやっていると、どこかで流れや仕組みがシステムになってしまうんです。今回のプロジェクトを通して、私自身も、社員も、忘れかけていた原点みたいなものを思い出しました。

正直言って、この「エレガンス」の新メイクアップの商品は本当に今までにない、個性的で独自性溢れるシリーズに仕上がり、順調に推移していますが、まだ〝世紀の大成功〟と言えるほどの結果は出ていません。でもやるべきこと、クリアすべき課題は私なりに見えているつもりなので、将来必ずや欧米の超一流ブランドに対抗できるようなブランドに育てていきたいと考えています。

経営者は、社員に危機意識を持てとか、意識を変革しろと盛んに叫ぶが、実はこうした商品開発を通じたほうが、ずっと有機的で、効果的だと思えてくる。

小林　何よりいいのは、新商品の開発にトライしたことによって、アルビオンの工場には、他のメーカーにないノウハウが蓄積されていくわけです。失敗の連続でしたからね。成功に至るまで、これ一個を商品化するまでにたくさんのハードルがあったわけです。その一つひとつが血肉化している。たとえば潤い層は幅が一・七ミリなんですけど、一・七、一・八、一・九、二・〇と試してみた結果なんです。ダメ、またダメ、やり直しの連続なんですけど、それなら今度はこうやってみよう、こっちはどうだという作業の繰り返しでした。こうしてアルビオンの若手技術者に、さまざまな技術や経験が、目に見えない資産として蓄積されていくんです。社内コミュニケーションもどんどん濃くなっていく。これは、高級品メーカーであるアルビオンの将来にとても大切なことなのです。

かなりの冒険だったのではないか。すると、小林は続けた。

小林　人は現場に任せるだけの放任主義では育ちません。トップ自らが現場の隅々に足を運び、そこで社員と語り合い、時には崖っぷちに追い込まないとダメなのです。

それはモノづくりも一緒です。「エレガンス」で勝負に出たのは、マーケットが大きく変化しているからです。ブランド力ではヨーロッパの老舗には敵わない。しかし、日本のお客様、特に二〇代の女性は、ブランドへの憧れやリスペクト（尊敬）が変わってきたのです。たとえば、シャネルのバッグを持っているのに、洋服は渋谷の「１０９」で買う。それって素晴らしい才能なのです。ものを選ぶ信念を持っていて、自分がいいと感じたものを買う。だから、知名度は劣っていても、おもしろい商品をつくれば世界で互角に戦えるかもしれない。そう考え直しているのです。

従来型のブランド戦略は、イコール、マーケティングだった。消費者の生活とか教養に結びついていなかった。しかし、今後は消費者の生活をサポートするブランド戦略でなければならないはずだ。

小林　化粧品にとって一番の付加価値は新しさです。それがお客様の心に響けば、高級品として喜んでいただける。そういうものをつくる努力をしなくてはいけないと思ったんです。お客様がワクワクするような、デザインを目指しました。仕上げも一つひとつ手作業で行います。まさに宝石のような化粧品です。

私の夢としてフランスやイタリアの老舗と互角に戦える商品づくりがあったのですが、少しずつですけれど、それを実現しつつあると思っています。

今後アルビオンは、こうやって独創的で付加価値のあるものを生んでいかなくてはいけないと思いました。その点、高級化粧品業界には、安定志向の強い売上高・時価総額至上主義の経営はなじまない気がします。もちろん売り上げも大事なのですが、高級品を販売するにはそれ以上に、「お客様に夢や感動を与える」という重要なミッションがあります。

日本の化粧品業界はこれまで、多少欧米を真似しながら、モノを生み出していたきらいがありました。成長の過程ではそれでいいと思いますが、いまは日本から世界中の女性が感動するような商品をつくらなければなりません。

このアイカラーや口紅のデザインには日本人ならではの繊細な技巧が施されている。これは海外の企業には真似されない技術である。そこで、小林に、「電子商品などはすぐに中国に真似されますが、この技術は真似できないでしょう。アーティストと職人が生み出した、まさに『エレガンス』ですね」と水を向けた。

小林　ただきれいなものをつくるだけなら、実はそう難しいものではありません。でも私たちが目指す高級品はいままでにないもので、お客様の感性に響く商品です。そして、高級品はそこから強いメッセージを発しなければいけません。女性へ幸せになってほしいという熱いメッセージを。そこでこの商品をモチーフにした詩を社内で公募しました。私はもちろん落選しましたが（笑）、集まった詩にはわれわれの伝えたいメッセージが凝縮されています。ブランドをつくるというのは、そういうことなのだと思います。

小林は、「エレガンス」の基本コンセプトを変えることを決断したと平然と言う。しかし、経営者が決断するということは変えることであり、大変な決意を要する。なにしろ変えるということは、いままでの成功体験を含めた過去を否定することに通じる。経営者・小林の歴史は実は過去の否定の歴史なのである。

第二章

保守したくば改革せよ

商品増、店舗増、売り上げ増という常識を打ち破る

小林章一は、コーセーの創業者・小林孝三郎の孫で、小林家の三代目である。孝三郎には長男・禮次郎《れいじろう》、二男・英夫、三男・保清《やすきよ》の三人の息子がいて、禮次郎がコーセーを継ぎ、英夫がアルビオンの後継者となった。現在、コーセー社長の一俊《かずとし》は禮次郎の長男で、章一のいとこに当たる。

小林は、一九六三（昭和三八）年、アルビオンの二代目社長を務めた英夫の長男として東京に生まれる。慶應義塾大学法学部卒業後、西武百貨店を経て、八八（昭和六三）年にアルビオンに入社。パリの駐在員事務所勤務を経て、九一（平成三）年に取締役、九五（平成七）年に常務取締役マーケティング本部長、九九（平成一一）年に同営業本部長を歴任。副社長を経て、二〇〇六（平成一八）年に代表取締役社長に就任した。

小林章一が「アルビオンに小林あり」と業界に知られるようになったのは、入社八年目、新しく導入した「ブルガリ」ブランドの香水を大ヒットさせたからである。東京・新宿の伊勢丹では、アルビオンの一ヵ月の全売上高の五〇％を占めるほどの人気商品となった。やがて、並行輸入問題の発生でブルガリの香水からは撤退するが、その後、小林は「アナ スイ」「ポール＆ジョー」という海外の人気ファッションブランドの化粧品事業を立ち上げ、成功させた。ファッションデザイナーのアナ・スイも、ポール＆ジョーも、すでに服飾品がブランド品として売られていたが、化粧品分

野は誰も手がけていなかった。化粧品事業では、そのブランドにとってアルビオンが世界で唯一のパートナーとなったのである。いまや、この二つの海外ブランドはアルビオンの基幹事業へと成長している。

ここで注目すべきは、当時からすでに小林は、企業家精神を大いに発揮し、企業家としての道を歩み始めていたということである。このことは後の章で詳しく触れる。

小林章一がアルビオンを大きく変えたのは、営業本部長に就任した九九年二月からである。小林は、英夫社長の下、実質的な経営リーダーとして思い切った改革に乗り出す。当時、化粧品産業界は、販売店数を増やし、商品点数やブランド数を増やし、売り上げを拡大する、いわゆる「拡大至上主義」が蔓延《はびこ》っていた。売り上げを増やせば、利益は自然と上がってくる、という高度成長時代特有の右肩上がりを前提とした経営手法のままだった。ところが小林は、その逆を行くような改革を断行すると宣言したのである。

①店舗数を半減させる。
②商品数を絞り込む。
③返品の引き取りを行う。

いずれも業界の常識を超えた大胆な経営改革であった。

小林が三五歳のときである。化粧品メーカー、販売店など、業界では誰もが首をかしげた。三代目は業界の常識を知らない。いったい何を考えているのか——と。

いまとなっては、改革は奏功し、売上高、利益は伸び、成長のきっかけとなったと言える。しかし、小林が商売の常識に挑んだとも言えるリスキーな改革を断行したのはなぜか。

アルビオンの成長のきっかけとなった三つの改革を取り上げる。

小林　売り上げだけを重視するなら、私もお取引店舗数を増やしながら、どんどん新しい商品を投入して、返品など引き取りません。

確かに、私は当時売り上げ倍増を目標に掲げましたけれども、ただ単に売り上げを増やそうと思ったわけではありません。アルビオンの企業理念である「美しい感動と信頼の輪を世界に広げる」ことを実践しようとしたに過ぎません。創業以来の企業理念の体現を図ろうとしただけなのです。

九八年頃から、マーケティング本部長として全国の支店を回り始めました。支店長だけでなく、営業一人ひとりと実際に顔を合わせてコミュニケーションを取ろうと考えたわけです。いきなり「これからはこの目標に向かって、こういうやり方で行く」と言われてもみんな面食らうでしょうから、今後打ち出す改革を理解してもらうためのベースづくり、コミュニケーションの構築を心がけたのです。社員の顔と名前をしっかり覚えたいという思いもありました。

営業本部長に就任後一ヵ月足らずで、腹案を全社、全販売店に向かって発信する。今日につながるアルビオンの改革の素案は、この時すでに準備できていたのだ。九九年三月。アルビオンの歴史が変わる起点だといえる。

小林　新年度が始まる前の会議で管理職全員を集めて、「アルビオンは二〇一〇年に売り上げ五〇〇億円を目指します」と宣言しました。

幹部たちは呆気に取られた。当時、アルビオンの売り上げは二六〇億円だから、ほぼ二倍増である。これはどうやって実現するのか……。

小林　続けて、「その時のお取引店舗数は、現在の三五〇〇店様から一八〇〇店様に減らす」「アイテム数は現在の半分にする」と言いました。幹部社員はもちろん、社長（現会長・英夫）にも誰にも相談せずに宣言しましたから、みんな唖然として言葉も出ませんでしたね。もちろん、表立っては誰も何も言いませんでしたが、後日聞いたところによると、社内では相当不満が吹き出し、中には強く反発する社員もいたようです。女性社員の中には、「化粧品のことなんて何も知らない男がいきなり偉そうに何を言い出すのよ。私たちがやってきた苦労も知らないで」と、男性管理職を突き上げる方もいたそうです。

売り上げを倍増させるための方法が販売店舗や商品・アイテム数の拡大ならば、目標そのものは険しいものの、まだ理屈として理解しやすい。しかし、売り上げの倍増を目標に掲げる一方で、店舗数もアイテム数も半減させるというのでは、一見相反するように思えてしまう。

二つの削減案だけでも十分に驚かされるのだが、小林の改革指令は矢継ぎ早に打ち出された。

小林　この時終わりかかっていた九八年度は、ライセンス契約した上で企画、製造、販売している海外ブランド「アナ スイ」の大ヒットで、アルビオンとしてはまずまずの利益が見込める状況になっていました。

年度末になると、「お願い注文」といって、無理して注文をお願いしてくるメーカーや営業がいるという話をお店様から聞くことがありますが、私は営業による「お願い注文」をやめるだけでなく、返品を引き取ることを決めたのです。アルビオンもかつては支店長の中には年度末が近づくと「お店様にもっと注文をお願いしてこい！」とハッパをかける人もいたんですが、私がいきなり「返品を取って来い！」と百八十度反対のことを言ったので、会議ではみんなポカーンとしていましたよ（笑）。ありえないと思うのも無理はないですよね。

店舗数の半減、アイテム数の半減、そして返品の引き取り。小林は業界の常識を破るといわれたこの「三つの改革」を同時に打ち出したのである。それらは、どのような経緯で実行に移されたのか。

共存共栄だからこそ、店舗数を減らす

小林　三五〇〇店から一八〇〇店に減らすのは、お店様と真の共存共栄を図るためであり、究極的にはお店様から商品やサービスを購入していただいているお客様のためなのです。

もちろん、売り上げなどを基準に一方的に契約を打ち切ったわけではありません。実は当時、アルビオンから、サンプルもポスターも、テスターも届けられないお店様が相当数ありました。そもそも営業メンバーが回っていないのです。ただ、取引口座があるというだけで、アルビオンがお客様づくりに貢献できていないお店様がたくさんありました。

小林は、全営業マンにそういう店と真摯に向き合い、今後の取り組みをどう改善していくかを徹底的に話し合わせた。もともとアルビオンの都合で取引を始めてもらった店も多いはずだろうし、

フォローもせずに放置しているアルビオンの営業にも責任があるはずだ、という反論も出てくるだろう。

小林はアルビオンの営業部隊をどのように説得したのか。

小林　確かに、営業はいろいろ言われましたね。

私が営業のメンバーに徹底させたのは、「まずはお互い話し合いましょう、真正面から」という謙虚な姿勢でのお店様側へのアプローチです。

まず、お店様の経営者に、「アルビオンは貢献できていますか？　利益が出ていないんじゃないですか？　お取引いただいていることはとても感謝しているのですが、お互いこのままのお取引でいいと思われますか？」とお話しする。続いて、「アルビオンはお好きですか？」「アルビオンに将来性があると思いますか？」「アルビオンでやっていこうと思っていただけてますか？」と問いかける。

「アルビオンは好きではない」と言われれば、これはもう仕方がありません。

でも、「アルビオンが好きだ」って言ってくださるお店様には、「では半年後の目標をつくって、一緒に努力しましょう。そして半年後にまた相談させてください」という方針を採ったのです。

いくら気をつけても、端から見れば「アルビオンは弱い者を切っている」というふうに捉えられてしまいます。実際に業界内では悪評が立っていたようです。でも私たちは、アルビオンの内情もできる限りお話しして、それでも「アルビオンが好きだ」と言ってくださるのなら、「お客様づくりのために、僕らと一緒にビラを配ってください。サンプリングを一緒にしてください。DM（ダイレクトメール）を一緒にポストに入れて歩いてください」とお願いしたわけです。

一緒に努力していただけないお店様、動いてくださらないお店様は、取引を続ける意味がありません。「アルビオンは好きじゃないけど、一人だけお客さんがいるから置いている」というようなお店様にも、失礼にならないように、こちらの意向を伝えました。どんな事情があろうとも長年お世話になったお店様ですから、礼儀・礼節を重んじて話すようにということは、特に注意させました。

要は、過去、アルビオンも売り上げ拡大路線のみに走っていた時代もあったということなんです。営業が期末になって売り上げの目標をクリアするためだけに新規で取引を始め、初回の出荷で大きく売り上げを立て、あとはケアをしないままになっている。あまりアルビオンをやりたくないお店様とはどんどん疎遠になってしまう。お店様側は不満がたまるし、売れないわけですから在庫もたまるという悪循環に陥ってしまった。お店様に罪はないのです。私たちがお願いして取引をさせてもらったわけですから。だから謙虚に謝った上で、もう一回話し合いをさせてもらったのです。

アルビオンの取引店舗は九九年以降、年々減少の一途をたどっている。見直しは、現在も続いている。因みに、二〇一〇年九月時点では、一七四〇店。今後さらに減少する可能性もあるという。

小林は、この改革は、販売店との共存共栄のためであると明言する。

小林　一緒にやりましょう、ということなのです。私はよくお店の方に「お店様にいらしてアルビオンの商品を買ってくださるお客様は、アルビオンのお客様である以前に、お店様のお客様ですよ」と言います。お店に来られたら、まず第一にお店様のお客様なのです。だから、お店様がお客様をどうしたいかということが大切なのです。ご自分のお客様に対して、アルビオンの商品をどんどんご紹介いただけるのか、他の化粧品会社の商品をご紹介されたいのか。基本的に他の化粧品会社の商品を最優先にご紹介されたいということであれば、お取引を見直さざるを得ませんよね。

だいたい、利益が出ないようなブランドでは、お店様もお取引している意味がないはずです。私たちはお店様に少しでも多くの利益を取っていただきたい。お店様もそうなりたいと思ってくださるのなら、一緒に挑戦しましょうということなのです。売り上げが低いから即、取引解消という話では決してありません。

小林改革の本質は、店とメーカーが互いに努力して光を発し合い、顧客をひきつける力を生み出すことなのだ。

小林　お店様に光っていただきたい。まさにその通りなんですよ。やっぱり売り上げが一億あったら、本当に光りますよ。もちろん、日々、大変なご苦労、ご努力あっての、その実績なのですが、年に一度、お店様を集めてセミナーを開き、表彰式も行っているのですが、そういうお店様は皆さん生き生きされていますし、何より輝かれています。

それまで営業担当者には、新規店開拓のノウハウはあっても、取引を中止するという経験はなかった。改革の意図が現場に浸透するまでには、相当な時間がかかったのではないか。そう質問すると、小林は笑顔で「いえ、一年目から軌道に乗りましたよ。どうやったと思いますか?」と聞き返してきた。

小林　一般的な営業担当者の評価は、売り上げ目標や新規店開拓に対する達成率です。それまでのアルビオンも同様だったのですが、評価の方法を変えました。役員以下、既存の評価基準の配分を全体の六〜七割に抑え、残りの三〜四割は、残念ながらまだ売り上げのあまり高くないお店様とのお取引の見直しの取り組みにしたのです。つまり、売り上げ目標を達成し、計画通り新規店をつくった営業でも、一〇〇点満点中六〇～七〇点しか取れない。売り上げを達成し、新規店も開けて、かつお取引の見直しのための話し込みをしっかりと行った人しか一〇〇点が取れない仕組みにしたわけです。

お取引の見直しを行うお店様は、営業メンバー一人ひとりに割り振りました。これは大変だったと思います。いままでとやることがまったく逆になるわけですから、面食らいますよね（笑）。それまでは明確なルールもないままに、支店ごとに売り上げと新規店のノルマを割り振り、どんどん新規店を開いてしまっていたわけです。

一方で、営業担当者の数は変えませんでした。結果、営業一人当たりの担当店数は大きく減ったわけです。その代わり一店一店のお店様と濃く、深くお付き合いできるようになりました。

当時、私は営業メンバー一人ひとりに言いました。

「半年に一度も行かないようなお店様はある？」

「いっぱいあります」

「それってどう思う？」

「申し訳ないと思います」

「そうですよね。だったらお取引店の数を減らさざるを得ないですよね」

こういう話をすることで、みんな理解できるようになったのです。わざわざお願いをして取引を始め、初回で商品を押し込んだ途端、ほとんどケアもできない。そういうお店様に対して、彼らも申し訳ない、後ろめたいという気持ちを抱えていたんですね。

対前年比の売り上げ増だけを目指す経営は、必ず行き詰まると思っています。

外資の全面戦争から得た改革のヒント

小林は、店舗数削減を当然の帰結のように語る。しかし、店舗数の削減は、少なくとも短期的には減収に直結する。頭では必要性が理解できても、減収を余儀なくされる改革にはなかなか手をつけられない。たとえ一〇万円、二〇万円でも、数が多くなればそれなりの額になることは明らかだし、改革が数年後に実を結ぶ保証もない。現状維持という壁、あるいは甘い誘惑が、決断の前に立ちはだかることはなかったか――。単刀直入に尋ねると、小林は、営業本部長に就任する前の経験が確信を与えてくれたと振り返る。

小林　八八年にアルビオンに入社して、最初はアルビオンの国際事業である「ソニア　リキエル」を担当しました。「ソニア　リキエル」がまだ独り立ちできず、ヨチヨチ歩きぐらいの頃ですね。

九〇年代の中頃は、「シャネル」や「クリスチャン　ディオール」「クリニーク」「クラランス」などの全盛期で、「ランコム」や「エスティ ローダー」も伸び盛りでした。彼らは一店の百貨店さんで、月間数千万円単位を売り上げていたのです。私たちの「ソニア リキエル」は、当時一店舗でせいぜい月間三〇〇万円程度。当時の目標は一店舗一〇〇〇万円程度だったわけですが、それでも私たちには夢のような数字でした。

百貨店さんの改装時は、それこそ戦争のようでした。売れている外資メーカーさんはわれ先によい場所を争って、ギャンギャン言ってくる。百貨店さん側は売れているブランドには文句も言えませんから、収拾がつかなくなってしまうのです。実際に聞いた話ですけど、コーナーをあと一〇センチ延ばす、延ばさないでもめて、出ていってしまった外資さんがいましたから（笑）。当時の売り場確保の争いは本当に激しかった。あとに残ったわれわれ国産メーカーや、大して売れてない外資メーカーさんなんて、完全に蚊帳の外です。

ある地方の大都市の百貨店さんでは、白がブランドカラーの外資メーカーさんが大きな売り上げを上げていました。ある日、その隣に同じ白を基調とする外資メーカーさんの店舗ができることになってしまったのです。

すると、元から出店していた方のメーカーさんは激怒して、社長の指示で美容部員を全員引き上げさせてしまった。ボイコットですよ。その日どうなったかというと、百貨店さんの社員の方が店頭に立って、「いらっしゃいませ」なんて声をかけて接客していたんです。スーツを着たおじさんたちが、商品名もわからないのに、冷や汗かきながらやらされていました（笑）。そのぐらい、外資メーカーさんはお店さんと激しくぶつかっていたんです。桁の違う商売とはこういうことかと痛感しましたね。「人生の中で、一店のお店様で、月に三〇〇〇万円、四〇〇〇万円を売れる時が来たらいいな。一度でもいいから、それを経験して人生を終わりたい」と、それこそ指をくわえながら思っていました。そのくらい遠い数字でした。

外資は当時、百貨店さんだけにしか出店していませんでした。ということは、全国で多くても一〇〇店前後しかお店様が存在しないわけです。それにもかかわらず、私たちから見れば天文学的な数字を売り上げている。店舗数を絞り込んでこれだけの売り上げを上げれば、利益はすごいはずですよ。外資のマーケティングや流通戦略の凄味、集中することの強みを目の当たりにして、われわれもそういう争いに加わりたい、と思いましたね。

しかし、店舗の絞り込みは、消費者側からは買う機会の喪失、メーカー側からは販売機会の損失になる。せっかく百貨店に行ったのに、その中には「ソニア リキエル」が、あるいは「アルビオン」の商品が売られていなかったという機会ロスの状況が生じる。そうしたリスクを小林章一は恐れなかったのだろうか。

小林　確かに、一方では機会ロスが出ます。でも、本当に欲しいものなら、お客様はお店まで必ず来てくださいますよ。逆説的に言えば、そのくらいの商品力と接客力を持たなければいけないということでもあります。

たとえば銀座・有楽町周辺には、百貨店が三越さんはじめ数店ありますよね。そこで「私どもの店舗は三越さんにしかありません」と言えば、お客様がそこの商品を買いたい場合三越さんに行かざるを得ませんよね。

三越さんは同じ地区にある他の百貨店さんと競争しているわけですよね。ということは百貨店さんの側から見ると、自分にとっていちばんありがたいのは、売り上げが大きいメーカー、そしてそれ以上に、他店からお客様を引っ張ってきてくれるブランドになるわけです。かつての外資さんは、そういう地域ごとの戦略をしっかり考えていたわけです。私たちはそれを目の当たりにしました。

ある外資ブランドさんが絶好調時に、地方都市で、二つある百貨店の両方に出店していました。両方とも大変な売り上げでした。ところがいきなり、片方をクローズしてもう片方の面積を大きく広げたのです。まさに巨艦、と呼びたくなるような広さのお店にしてしまった。

広げたほうの百貨店さんにとっては、まさに差別化ブランドになるわけです。お客様をどんどん呼んでくれるありがたい存在。一方メーカーさんも、お店様の差別化に貢献すれば店内で圧倒的な存在になれる。具体的には、いっそういい売り場を確保できるわけです。私はそういう外資さんの戦いを見てきたんですね。

だが、現在の外資は決してそうではない。一度片方の百貨店に移した店舗を、駆け引きの末再びもう一方の百貨店に戻すといったことはよくある話だし、最近では百貨店のすぐ近くに直営店を出店するケースすらある。ある外資系メーカーの社長は、小林に快進撃の秘密を尋ねた。すると小林は笑って、外資系メーカーのかつての戦略から真摯に学んだだけだ、と答えたという。

アイテム数はメーカー都合の押しつけに過ぎない

小林　百貨店さんにおける外資メーカーさんの戦略でもうひとつ学んだのは、店舗数の絞り込みを、商品数に置き換えた場合はどうなのか、ということでした。

九一年にアルビオンの取締役に就任したとき、この業界のことをいろいろ勉強し始めて、唖然としたことがあったのです。たとえばプロクター・アンド・ギャンブル（P&G）さん、エスティ ローダーさん、ロレアルさんといった外資系メーカーとアルビオン、それぞれの売り上げと営業利益率を比較したんですが、外資メーカーさんは、すべての会社が営業利益率が一〇～二〇%ぐらいあるわけです。翻って、当時のアルビオンの営業利益率は六%

程度でした。本当にぶっ飛びましたよ、これは。

小林は、なぜ外資にできて、アルビオンにできないのかを考え続けた。得られた答えは、商品アイテム数の削減だった。

小林は九七年に「レリューション」「フォールクリスタル」「シェルテ」の三シリーズを統合し「エクサージュ」という新しいシリーズを立ち上げる。これが小林章一の手がけた最初の商品アイテム数の削減だった。アイテムを一気に絞り込むという発想は、どこから生まれたのだろうか。

小林　当時の商品アイテム数は九〇〇ぐらいありました。現在は五五〇くらいですから、一・六倍強あったわけです。自分から見ても、わかりにくかった。朝から晩まで資料とにらめっこしても覚えられない。これは二〇代前半向けで、これは二〇代後半向けだという。個別の商品名はおろか、ブランド・シリーズ名すら頭に入っていかない（笑）。どうしようかと思いましたよ。

そこで社員に、なぜこんなにシリーズがたくさんあるのか聞きました。すると、年齢ごと、五歳ごとに区切っているからだというのです。ということは、いま二九歳で三〇〇〇円の商品を使っているお客様は、三〇歳になったら五〇〇〇円の商品に替えないといけないということになる。それはメーカーの都合から打ち出した商品政策です。つまり、メーカーが売り上げをつくりたいがためにそうしてきただけなんですね。

私は、お客様にとって年齢で輪切りにされることが合理的なのだろうか、まるで周年行事のようなシリーズ切り替えに納得して付き合ってくださるのか、純粋に疑問を持ちました。

お客様は、きれいな肌を手に入れたいわけです。そういう方に向かって、「あなたは来年三〇歳になるから、買わなければいけない商品は二〇〇〇円高くなります」という理屈が通るのかと、素朴に思ったのです。私たちは何かを間違えているのではないか。結局自分たちの都合を押しつけているに過ぎないのではないかと思ったのが、シリーズ数、アイテム数削減の原点でした。

そんな頃、ある女性と何気ない会話をしているときに、ふとした拍子に「私、こんな肌になりたいんですよね」って言われたことがあったのです。そこでピンときて、もっと突っ込んで話を聞いてみると、「私も三〇代後半に差し掛かってきて、ほうれい線がすごく気になるんですよ」って言われた。そこで、女性に会うたび「いま自分の肌で何がいちばん気にな る?」と聞いて回りました。すると最も多い答えは「潤いが足りない」という悩みだったのです。

ここで、思いつきは確信に近づきつつありました。年齢ではなく、「なりたい肌」という切り口で区切ってあげれば、お客様から見ていちばんわかりやすいんじゃないか。「すごく潤いが欲しい」というお客様がいらっしゃる。「目尻の小ジワやほうれい線が気になる」というお客様もいらっしゃる。「価格は関係なく、どんなに寝不足でもまったくそう見えないくらい、瞬時に肌を明るくしたい」というお客様がいらっしゃる。

お客様の「なりたい肌」という観点から入って商品をつくっていけば、お客様も何を使ったらいいかがきっとわかりやすくなっていくんじゃないか、と思ったのです。

最初はまず「潤う肌」というテーマに着目しました。やはりなんといっても、肌の潤いは原点ですからね。おかげさまで「エクサージュ」はご好評をいただきました。三シリーズを使っていたお客様がひとつに集約されていくわけですから、店頭もわかりやすくなりますし、一シリーズ当たりの効率が上がっていくことで、思いのほか原価率も改善できました。こうしてどんどん整理を進めていったわけです。

小林章一に遅れることほぼ一〇年、二〇〇六年末に資生堂が一〇〇以上あったブランドを六つの大きなブランドに集約、統合した。小林の先見性はどこから生まれたのだろうか。

小林　私は外部から来た人間なので、化粧品のことやこの業界のことについて何も知らなかったことが良かったのかもしれませんね。化粧品業界に入って日が浅かったですし。マーケティング本部長なんていう肩書をもらったら、商品名は完璧に覚えなければならない。でも全然無理なのです。同じ美容液でも、これはこちらのシリーズから出ているが、こっちはそうではない、これにはいろいろと事情といきさつがありまして……という（笑）。もういらないだろう、という話なのです。自分が本当にわかっていないことを、お客様になんか説明できませんよ。
　まずはシリーズの数を減らし、続いてシリーズの中の商品アイテム数をある程度減らしていきました。ただ、もちろん新製品は必要です。それまでは既存のアイテムを生かしたまま新製品を出すから、やみくもにアイテム数が増えてしまったのです。だから既存品に新製品を足していく発想はやめて、既存品をリニューアルする、パワーアップする、バージョンアップするという発想で、新製品と同じような効果を持たせていくことを心がけました。これは今では外資メーカーさんにも参考にしていただいているようです。

業界の常識を覆す「返品引き取り」の実施

　改革の三点目は、「返品引き取り」の実施だ。業界の「慣行」に反する決断を、小林はわずか二ヵ月足らずで踏み切ったという。その原資ともなった「アナ スイ」の成功については次章で触れるが、掟破りともいえる返品の積極的な引き取りを思いついたきっかけはなんだったのか？

小林　確か二〇一〇年の一月だったと思うのですが、あるお店様の経営者と話をしているとき、ポロッと「最近、ちょっと在庫がたまっちゃって……」と言われたんです。

確かに、ここ二〜三年ほど返品を取っていませんでした。それまでは定期的に取っていたんですが、その時は私自身も取っていなかったことを忘れていました。経営が厳しかったこともありましたし、私自身も数字、数字となってしまっていたところがありました。

そこでいろいろなお店様を回って話を聞いてみると、みんな「最近、アルビオンは前に比べると在庫が多くなった」とおっしゃるんですね。

それならば、新年度から勢いをつけてもらうためにも、今年度は返品を取らなければいけないかなと思いました。そこで営業に聞いてみると、みんな本音では、それは返品を取ってくれたら助かります、という意見だったのです。

もちろん、ただ返品を受けるだけで終わってしまっても意味がありません。要は、メーカーもお店様も、新しい商品でお客様づくりをしっかりやろうということですから、どれだけお店様に動いていただけるかがテーマになるわけです。今後の「お客様をつくる力」を、返品を受けることでパワーアップしたいということですね。

化粧品メーカーは、伝統的に返品を受けたがらない。しかも年度末には新製品を発売し、店は「お願い注文」もいまだにあると聞くし、返品は新年度明けまで待てと言われる。こうして増収を確保し、ネガティブ要因は翌年度に回していく。これは厳しい見方をすれば数字の操りとも言えよう。その陰には、不良在庫を抱えて泣いている店舗も存在する。

小林　メーカーの決算のために、四〜六月分の商品を三月に納品させてくれるようお店様にお願いすること自体がいびつだと思います。アルビオンを例に取れば、今年度が前年比九五％なら、それでいいではないですか。むしろ翌年度のことを考えて九三％にすべきだというのが、私の考えです。

化粧品メーカーは、どこも基本的にお店様との「共存共栄」を謳っています。「共存共栄」とは、持続的、中長期的でなければいけない。つまり、お店様にもしっかり利益を出していただかないといけない、というのが私の考えです。

実は、アルビオンが返品の引き取りを行うのは今回が初めてではない。九八年度の終わり、つまり、九九年二月末に、小林は返品引き取りの大号令を下しているのだ。アルビオンが、というより化粧品メーカーが積極的に返品を引き受けるのはこのときが初めてだった。小林は現場をどのように説得したのか。

小林　まず返品額の目標を設定し、それとともに返品による売り上げ減が、結果的に営業のマイナス評価につながらないような仕組みをつくりました。その上で、私は「新年度の四月に多くの返品があったら承知しない」という話を繰り返ししました。

返品引き取りの指示を間違いだと思って、逆に注文を多く取ってきてしまった支店長もいましたね。なにしろ、それまで営業本部長は年度末になると各支店長に電話して、「もう少しお店様にお願いしてこい」と、ひたすらムチを入れ続けていたわけですからね。

また、期末に売り上げが上がっているので不審に思い聞いてみると、「冗談だと思いました」と言うんですよ（笑）。創業から四十数年間やったことのないことを指示されたので、理解できなかったんですね。

一方、積年の思いが晴れたという人もいました。私が、会議で「何億でも返品を受けても構わない」と言い放った直後に、ある支店長が「本部長（筆者註：小林章一のこと）、考えが初めて見えました。これは行けます」と言ってきたんです。返品を引き受けるという方針で、初めて私の考えていることがわかったという。彼らは彼らなりに、この業界、この会社に疑問を抱えていました。ただそれが、返品を引き受けるという思いつきには至らなかっただけなのです。おもしろいですよね、人間のコミュニケーションって（笑）。

販売店の店主は、売れない商品の在庫負担がなくなるわけだから、大歓迎したに違いない。しかし、喜んでばかりいられない。返品を引き取ってもらう代わりに、新しい商品を売らないといけないという新たなプレッシャーが生じたことだろう。メーカーと販売店の間に、いままでなかった緊張感が生まれ、お互いに切磋琢磨する環境になったという。

そんなアルビオンに対して、他の化粧品会社はどんな反応を示したか。

小林　お店様は感動してくださいましたよ。でも、他社から見て、アルビオン一人で格好つけやがって、ということもあったかもしれません。無理もないですよ。お店様の現場で他社の営業さんが頭を下げている横で、アルビオンの営業が「返品いくらでも受けます。これは古いですね、これは不要ですね」ってどんどん返品取っていくんですから。

その効果は、今年上半期（一〇年四～九月）の数字に表れている。前年同期比で見ると総売上高が三・五％増、営業利益が三・二％増となっている。営業利益率も一六・一％を確保している。

小林　「数字は元気の源」なんですよ。私たち経営陣はもちろん、営業も、美容部員も同じです。お店様も目標を達成される、皆さん本当に嬉しそうです。数字ほどの良薬はありませんね。それを支えているのは、しっかりとお店様と歩んでいるという意識。それが、メンバーに少しずつ浸透しているように思います。嬉しい限りですね。

父にはとぼけて、ごまかした

小林章一の三つの改革を見て、中には「これは同族経営だから実現できたのだろう」という向きがあるかもしれない。しかしそれは、同族経営特有の厳しさを知らないものの見方である。ましてやこの改革は、創業者一族出身の、それも三代目が到底できるような改革ではない。

三代目の小林章一は、アルビオンに入社してからずっとイノベーションを継続して行っている。まず、かつてなかった海外ブランドを導入し、事業のイノベーションを行った。続いて販売・商品のイノベーションを行った。それだけではない。「エレガンス」など新しいコンセプトの商品を開拓し、いままで日本になかった新しいマーケットの創造を行っているのである。いわゆる破壊と創造である。

改革の断行にあたって、当時社長だった父・英夫とはどのようなやり取りがあったのかを聞いてみた。すると小林章一は、こともなげに言い切った。

小林 改革は孤独との戦いです。とにかく一人で悩み抜きました。だから最初は、会長（当時の英夫社長）に相談はしませんでした。

私が感じた、この業界やアルビオンの問題点は、なんとしてでも変えてやろうと思いました。不遜な言い方を許していただくと、変えられないのなら、この業界を離れようと腹をくくりました。どうしてもいままでのやり方でしか生きていけないのなら、私がいる意味がありませんからね。

事前に相談すると会長も心配しますから、発表の日まで黙ってひと言も言わずに、書面だけつくっておきました（笑）。そして何百人が集まった席で、いきなり何の前触れもなしに、「売り上げ倍増」「店舗半減」「アイテム半減」とぶち上げたのです。言葉は俗っぽいですが、まあとにかく花火を上げてしまおうと思ったわけです。改革ですから。

みんな怒りましたよ。誰一人そんな話は聞いていないですから。部長はおろか、他の役員もです。

同族であるだけに過去を否定する改革の実現は難しかったに違いない。コーセーグループ創業者で心から尊敬している祖父が設立したアルビオンに対し、「いままでの経営手法はおかしい」と言い放ったも同然なのだから。

小林　会長に相談したら、会長をすごく悩ませることになると思ったから、先に発表したのです。会長はとにかく、お店様の数を減らすことに驚いていました。化粧品業界にそんな常識はないわけです。商品を増やし、店舗数を増やし、売り上げを積んでいくのが当たり前ですから。もしかしたら最初、会長には私の言うことが「きれいごと」に映ったのかもしれません。

それでもありがたかったのは、結局は自由にやらせてもらったことです。そういう意味では、本当に会長に感謝しています。それは違うんじゃないかとは言いながらも、「まあ、ちょっとやらせてみたらいいじゃないか」という感じでした。最終的にはしっかり説明をして、納得をしてもらえましたが、確かに強引にでもやっちゃえっていうのが事実です(笑)。とにかくやってしまうことが大切なんだと思いますね。

そして、本当に相談するのを忘れてしまって、「何も聞いてないぞ!」と怒られたら、とぼけるしかありませんよね(笑)。「えっ、言ってませんでしたっけ?」「申し訳ありません。でも、もうここまで進んじゃってるんですよね」と言ってとにかく謝る。そして「本当にすみませんでした」と謝って、「だめだぞ、もうこれから」と言われたら「はいっ、わかりました!」となるわけです。

もちろん、既成事実をつくってしまうというゲリラ戦法が、毎回通じるわけではない。一度使ったら、しっかり実績を出さなければ、二度と信用されることはない。

小林 アルビオンの主力商品であるスキンケアシリーズ「エクサージュ」が成功しましたか

らね。実績をつくることができた。そうすると会長も、本心では納得がいかなくても、「うーん、まぁそうなのかな」となりますよね。仕方ないと思ってくれる実績も同時に築いていかなければ、そのうち通用しなくなりますよ。

この時、小林章一はまだ三四歳。普通の大会社の大卒入社なら、まだ課長にもなっていない年代だ。仮に先見性と問題意識を持っていたとしても、なかなか実行できることではない。私には、小林という一人の人間が持っている、「人間力」とでも呼ぶべきなにかが秘められていると思えてならない。

当時のことを具体的に思い出してもらった。

小林　取引を見直すことの必要性は、会長ももちろん心の中ではわかっていたと思います。お店様の数を増やしすぎてぐちゃぐちゃになっていましたから。改革はしたかったと思いますけど、周りに恵まれなかったというか、必要性を感じていても本当に実行には移せなかった。私はこういう性格なので、就任して一ヵ月でドカーンと発表して、みんなを唖然とさせてしまいましたけれどもね。

会長の英夫にとって、もっと衝撃だったのは、〇九年度末の返品の引き取りだったのではないだろうか。創業以来、初めて売り上げで前年を割ることが予想されるなかで、返品を引き受けることは、少なくとも当期の決算をより一層ネガティブなものにするからだ。

小林　さすがに〇九年度の返品のことだけは、会長に事前に説明しました。年度末に、今期は対前年比九五％になる、といって騒いでいるさなかに、「いえ、九三％にしましょう」「返品を取りましょう」と言ったわけですから。

会長は「創業以来初めて前年を割るんだぞ、わかっているのか」「なんでこの期に及んで返品なんだ？」と驚いていました。当然ですよね。でも私は、二つの理由を拠り所に説得しました。

まず、苦しい時だからこそ返品を取ることが大切なのだということ。お店様との共存共栄を謳うのならば、「美しい感動と信頼の輪を世界に広げる」という経営理念を掲げるのならば、それで返品は取らないというのは通じない。単年度の実績をよりよく見せるために、あるいは自己保身のためにお店様を犠牲にするなんて、経営理念のどこにも書いていないわけですから。

もうひとつは、企業というものは、永遠に発展しなければならない存在だということです。今年も大勢の新入社員が入ってくる。夢を持って入ってくる連中に向かって、私がお客様づくりのためにお店様との共存共栄を謳うのであれば、自分たちの売り上げが前年比九五

％だからといって、それを死守するためにお店様に苦労をかけるなんてできません。だからここで返品をしっかりと取りましょう。それがアルビオンの目指す生き方だと、根を詰めて説得しました。

九九年の時にも、前年は「アナ スイ」が爆発的にヒットして、いつもよりも利益が出ていたわけです。本来ならその利益をもとに、翌年度の利益を上げるための広告でも派手に打つところですが、返品を引き受ける原資にしたわけです。「アナ スイ」を立ち上げたのは私ですから、これも説得の材料になったわけですね。

ですから九九年から八年間は毎年、期末に返品引き取りを実施していましたが、その後数年間は実績が多少厳しかったこともあって、返品引き取りを実施していませんでした。そのため、以前に比べてお店様の在庫が増えていたんです。それを一掃するために〇九年度末に実行したんです。

また〇九年度末の返品引き取りに関しては、親会社コーセーの現社長が認めてくれたことも大変大きかったですね。そういう意味でコーセーの現社長にも大変感謝しています。

改革を唱える小林に対し、それを了承する父。文章にすると簡単なようにも見えるが、父・英夫を納得させるのは、容易なことではない。二〇〇〇年三月、小林は本社を東京・銀座五丁目から銀座一丁目へ移転させた。父への説得は、一度や二度で済むものではなかったという。

小林　本社移転のときも大変でした。

三十数年いたところから、たった二ヵ月で決断して引っ越したのですが、とにかく前の本社が入居していたビルは古くて、とても高級化粧品を売り物にしている会社の本拠地とは思えないところでした。

若い営業たちと話をしていて、「会社に言いたいことはないですか？」と水を向けると、「常務（筆者註：小林のこと）、すみませんけど、うちの会社に入ってすごくがっかりしました。世界一の高級品メーカーを目指す会社にふさわしくないんじゃないですか」って言われたんです（笑）。プライドが持てていないんですね。これはまずいと思いましたよ。このままではきっと行き詰まる。夢を持って入ってきた若いメンバーが、あまりのギャップに会社を信用しなくなっているのですから。

ベテランのメンバーは、「しょうがない、そういう会社なんだから」とか「会社っていうのは、まあそんなものだ」と思いがちですけど、若いメンバーはとにかく純粋ですからね。

一度や二度言ったって、人の気持ちはなかなか変わるものではありません。相手にこちら側が本気なのだと伝わるまでは、引き下がってはいけないと思います。私はこのままでは会社がダメになると本気で思っていましたから、何十回でも言いました。それがやがて説得力にもなってきます。本社移転の件でも、そこに何十年もいるわけですから、会長にまず引っ越すという発想になってもらうことが大変です。「引っ越しましょう」「時間的に年内は難しい」の押し問答が何回も何回も続いて、最後は、偶然メインバンクのビルが三フロア空いていたので、移ることになりました。目的をはっきりさせたら、あとはもう熱意だけです。また翌年には、会長の知人のご紹介で、老朽化していた工場も引っ越すことができました。

中長期では「きれいごと」しか残らない

改革は、すべてがカスタマーのためにある。私は小林の話に頷きながら考えていた。高邁な精神でも、美辞麗句でもない。どうすればお客様が喜んでくれるのか。原理原則はきわめてシンプルに見える。

そう質問しても、小林章一は照れ屋だからなのか、なかなか正面から答えを返してくれない。代わりに、はにかみながらこんなことを語りだした。

小林　偉そうで生意気な言い方かもしれませんし、ちょっと私自身も気恥ずかしいんですけれど、私は心のどこかで、やっぱり正義が好きなのです。きれいごとが好きなんです。これは性格なのかもしれませんね。

私は、中長期ではきれいごとしか残らないと思っています。たとえば単年度という限られた期間ならばきれいごとでなくてもいけますけど、中長期ではきれいごとしか残らない。どこかで真剣に、正義とビジネスの両立をさせたいと思っているのです。どうすればいいのかは、まだはっきりとはわからないんですけれど。

目の前のことで言えば、お店様の犠牲の上に成り立つメーカーの発展はありえない。お店様の店頭での販売がイコール、メーカーの売り上げでなければいけないはずだというのも、ある種の正義だと思います。

私は、きれいごとが好きです。使命感とか大義を重んじます。ビジネスマンである前に、人として。だからきれいごとを通して、その上でビジネスを成功させたいと思います。金儲けのためなら手段を選ばない、そういうのは嫌いです。金儲けのためなら手段を選ばないのなら化粧品よりもっと儲かるものがあります。

経営で最も大切なことは、ビジョンをつくり、収益を上げることです。ただ単に、「儲けよう」と思うだけではダメだと思うんです。「夢」とか「使命感」「大義」みたいなものから出発しないといけない。それがないとイノベーションを実現することはできません。もっと言えば、きれいごとを追求するためにイノベーションをやり、改革しているといっても過言ではありません。

「返品引き取り」は、店との共存共栄を永く続けていくための大切な方策である。決してビジネスとしての短期的な損得勘定だけで生まれたコンセプトではない。

小林　メーカーの都合で、新しい取引店がどんどん増えていっています。その裏では返品も取ってもらえず、売れない商品の在庫が増えて困っているお店様もたくさんあるんです。メーカーやそこの営業担当者は、お客様のために新規店をたくさん開けているのではなく、あくまでも自分たちの売り上げのために、既存のお店様のことは目をつむって、新規開拓をしているように見えます。それを自分自身でどう思うかということですよね。

私はこの業界に入った当初、これではいけないと思いました。人が一生かけてやるような、意義ある仕事にしていかなければいけないなと思ったんです。

返品引き取りの目的は、何よりもお店様との共存共栄です。お店様の売り上げが上がる、利益が上がる、お店様の在庫の回転がよくなるというふうにしていかないと、いずれ血管が詰まってしまう。店頭での販売がメーカーの売り上げとリンクしていないなんて、やっぱりおかしい。私に言わせれば、お店様の犠牲の上にメーカーの発展などありえない話です。しかし一部では、お店様はメーカーが結果を出すための存在でしかないケースもあったりするんです。

私が就任する前の一〇年間、アルビオンは売り上げが伸びていた。しかしアルビオンの会員数は増えていません。なぜ、固定客である会員数が増えていないのに売り上げが伸びているのか。みんなでごまかしていたのです。それでは共存共栄にならない。だとすれば、お店様と共倒れになってしまう。そんな思いで返品を取ると決めたのです。

これは化粧品業界に限った話ではありません。コンビニ業界などでも、フランチャイジーには二四時間営業させて、本部の社員はフランチャイジーに比べれば優雅に暮らしているように見えます。オーナーやアルバイトさんたちは夜中強盗に遭うかもしれない。お客様が来なければ深夜は店を閉めたいかもしれない。一方で、本部の社員はフランチャイジーよりは安穏と暮らし、夏休みは取る、ゴールデンウィークは休む、年末年始も休むことが多いのではないでしょうか。お店の方々は正月元旦早々から営業しているんですよ。それでは真の信頼関係を築くのは難しいのではないでしょうか。

一方で小林改革は、本気であるがゆえに、相手方にも本気を要求する。

小林　もちろん私どもの責任でもあるのですが、お店様とメーカーが本気でお客様づくりに取り組んでいて月間売り上げが一〇万円未満なんて、お取引と言えるのでしょうか。私に言わせれば、お取引とはイコール「お取り組み」なんです。お店様とメーカーの取り組みの結果を数字で表したのが売り上げなんです。メーカーも、お店様も本気で取り組まなければならないということです。

先日、おかしいと思うことがありました。あるお店様から電話がかかってきて「大手さんはこんなに美容部員を派遣してくれている。アルビオンさんはなかなか派遣してくれない」とおっしゃるんですね。私は即座に「お店のお客様はアルビオンのお客様である前に、奥様のお店のお客様ですよ。ですから、お店様でしっかりお客様づくりを進めていただけませんか。私たちはその中で、お店様が十分な利益を取れるよう、最大限努力してまいります」と言いました。

アルビオンの美容部員をたくさん派遣して、彼女らが頑張ってお客様づくりをしても、もし美容部員が結婚して妊娠すれば、いったんは会社を離れてしまいます。そうしたら、その美容部員についていたお客様はみんないなくなってしまいますよね。お店様は自力でお客様を引きつけていただかなければいけないんです。これは、言いたくはありませんが、そういう前例をつくってきたメーカー全体の責任ですよ。

もちろんアルビオンも、できる範囲で美容部員を派遣しています。でもそれ以上に大切なのは、お店のお客様なのですから、お店様ご自身で、いかにお客様づくりを進めていかれるかということです。

話を美容師に置き換えればわかりやすい。いつも指名している好みの美容師が店を変われば、多少遠くなっても引き続き頼みたいと自然に思う。その場合、客は店についているのではなく、美容師についていることになる。

小林 だから、お店様に力をつけていただきたい。しっかりお客様と向き合えるスタッフを自力で雇って育てていただきたいということです。もちろんアルビオンも最大限、経費の負担などをさせていただきます。

社長自らビラ配りを率先垂範して行う

小林は、「取引とは取り組みである」と言い切る。そして店側にも本気を出すように要求し、そのボーダーラインは月間の売り上げで判断する。一方で、本気で取り組む店には協力を惜しまない。それも美容部員を派遣するなどといった話ではないのだ。

アルビオンでは、二〇一〇年春から、本社スタッフによる街頭でのビラ配りを行っている。驚くのは、営業部門だけでなく、総務や経理の社員、ひいては社長自ら街頭に立って、お客様にアプローチするのだ。

小林　まず、ビラ配りって率直におもしろいですよ（笑）。本社の全社員、首都圏で最低二回は出てもらっています。私はさらに多く出かけています。具体的には、駅前で配ったり、駅に人がいないところは家のポストに入れたりしますね。

ビラ配りをするメリットはいろいろあるんですけれど、まずは、マス媒体に広告を打つよりも、こういう泥臭い行動のほうが、よりお店様、お客様に近づけますし、結果、私たちもお客様をイメージしやすいと思うんです。ビラを配っているときの雰囲気や受け取る方の表情、空気感をビビッドに感じとれますから。その上で新しいお客様にいらしていただけたら、これは感動ものですよ。

おもしろいのは、「アルビオンです」って言ってビラを配ると、受け取る何割かの方に「ありがとうございます」って言っていただけるんです。これはすごいというか、日本もまだまだ捨てたものではないなというか（笑）。アルビオンだからそう言ってくれるのか、雰囲気で言ってくれているのかはわからないですけれどね。アルビオンだと気がついて、わざわざ「ください」って寄ってきてくださる方々もいます。

アルビオンがビラ配りを行うことには二重のショックがあるように思える。

まず、通常ビラ配りの対象になるのは、身近で庶民的な商品やサービスがほとんどだ。アルビオンはれっきとしたブランドで、しかも高級化粧品である。傍から見れば、アルビオンがビラを配ることで、経営が苦しいのだろうと思われるリスクはないのだろうか。

一方で社員や店舗には、自分たちはアルビオンという高級品を売っているんだというプライドがあるはずだ。それなのに、ここまで地べたを這った新規開拓をしなければ、生き残っていけないんだという切迫感を与えることもできるように思える。


小林 アルビオンは、創業当初からあり得ないくらい高価な製品を売ってきました。どうやって売ってきたかと言いますと、昔からお客様お一人お一人に直接お声かけをしていたんです。そうやって一人ひとりお客様を開拓してきた。

化粧品のイメージは、広告をたくさん打ったからよくなるというものではありません。反対に、街頭でビラを配ったからイメージが悪くなるということもない。昔からアルビオンはビラを配ってきたし、そうやって一人ひとり積み重ねたお客様がアルビオンの製品を気に入ってくださって、口コミで徐々に徐々に広がってきたのがアルビオンの歴史なのです。だから、出発点に返っているだけといいますか、企業文化の原点に戻っているだけなんです。

ビラ配りをしたらイメージが悪くなるのではないかというのは、われわれが持っているわけのわからない先入観のひとつです。高級品だからビラを配らないとか、高級品だから綺麗な写真の広告をたくさん出せばいいという時代ではないのです。お客様は、もっといろいろなことをよく見ていますよ。

私がビラ配りにこだわったのは、営業の仕事っていったい何なのかを考えた結果です。営業は、一人が一〇～一五店様を担当しています。そのお店様に対して、営業は何の仕事をしているのか。営業は接客をしないということに気づいたんです。お店様に行って、今度こんな新製品が出ます、こんな販促物やサンプルがあります、などというお話をします。そしてお店様から販促物や製品の発注を受けて、納品します。「こういうお客様づくりをしましょう」という話はしますが、実際に接客していただくのは、お店様の奥様であり、従業員の皆様であり、アルビオンの美容部員であって、営業は接客はしないわけです。

では営業はどうやってお店の売り上げに貢献できるのかと考えました。お店様までお客様がいらっしゃれば、あとはお店様で頑張っていただける、うちの美容部員が頑張る。ということは、営業は外に出て、新しいお客様をお連れできれば、接客できない人間も売り上げに貢献できると考えたわけです。その手段としてビラ配りもあるという話なのです。

経営トップ自らが率先垂範してビラ配りを行う。小林はいったいどんな効果を期待して活動を行っているのか。

小林　嫌な仕事は社長が自らやってみせることですね。トップたるもの、社員が嫌がる仕事を率先垂範してみせることが大事だと思います。そうすれば、社員は付いてきます。口で命令したって、社員は動きません。ですから、百貨店さんとのお取引を見直すときも、自らやってみましたし、ビラ配りも率先垂範してやりました。

とにかく「動く」ということが一番だと、私自身が思っているんです。いまの若い社員たちは頭がよくて、「ビラなんか配ってもきっと効果は一%くらいだろう」って考えていると思うんです。その一%の効果をどうすれば一〇%にできるだろうかとは考えてくれない。私がビラ配りをして効果が一%だったら、どうやって五%にするかを考えます。それが「仕事」だと思うんです。そういうことを見せたかった。そういうことを一人ひとりが考えていくことが仕事なんだと。

普通、社長はビラ配りなんかしないでしょうね。でも私は、効果があると信じています。私は、ビラを受け取った人を百パーセントお店に動員したいと思ってやっていますから。

だいたい私が不満なのは、土曜日にビラ配りができないことなんです。店頭でいちばん売り上げがあるのは土曜日です。ビラ配りもできれば土曜日にしたい。でもメーカーは土日休みですよね。本当はアルビオンの休みが土日であることに私は納得していません。メーカーの人間なんて、お盆も年末年始も祝日も休んで、その上土日も出てこない。なぜわれわれはいちばん売れる日に堂々と休めるのか。

そういうことを言うと、「組合との話し合いが……」となる。私はそういう話が大嫌いです。いちばん売れる日にメーカーの営業が休むなんて、メーカーとして、人として正しいのかと思う。売り上げの少ない日に休めばいいのです。

ここまでメーカーの社長が熱い思いを持って自らビラを配ってくれれば、店は感激するだろう。

小林　そうですね、本当に何店かのお店様では、涙ぐむくらい喜んでいただけました。でも、中には勘違いされたお店様もありました。先日私がビラ配りをしようとしたら、そのお店様のご子息が黙ってわれわれを見送っているわけです。そこで、「すみません、これからあなたのお店のためにビラ配りするので、一緒に来ていただけませんか」って言ってしまった（笑）。「僕はお留守番」とか言っていましたけど、強引に引っ張っていっちゃったんです（笑）。

企業文化を社員たちに伝えることは大切なプロセスだ。特に若い社員のOJT（オン・ザ・ジョブ・トレーニング）には欠かせない。しかし、わざわざ本社のバックオフィスの人員まで動員することには、特別な思いがありそうだ。

小林　ビラ配りは、今回は私が号令かけてやりました。

とにかく全員でやると。次回は自発的に声が出てくることを期待しているんです。支店の現場は盛り上がっているんですよ。本社からわざわざ来てくれて、総務や経理のメンバーもお揃いの白いジャンパー着て、五人、一〇人と一団になって駅前でビラを配るんですから、現場はみんな驚きますよね。ウチの会社っていいなって思ってもらえるのではないでしょうか。

また、総務や経理部門のメンバーも、商品を一品売ること、一人の新しいお客様に来ていただくことがこんなにも大変なのかということがわかりますよね。毎月二五日に給料が自動的に振り込まれるのは、こういう努力があって、お店様に代金を払っていただいて初めて成り立っている。もう当たり前だとは思えなくなりますよ。

おもしろいもので、いろいろな部署のメンバーが一緒になってビラを配ると、そこにコミュニケーションが生まれるんですよ、「ビラ配りをやった者同士」というか、いわば「ビラ仲間」のような（笑）。

顧客に直接訴えるビラ配りは、日本の大企業がとっくに忘れ去ってしまったマーケティング手法である。しかし、このビラ配りには、経営者・小林章一の「想い」がぎっしり詰まっている。まず顧客ひとり一人にブランドの存在をアピールし、再認識してもらう。さらに、取引先の店を鼓舞すると同時に、真の共存共栄の価値観と未来への「夢」を共有する。また、全社員を動員することで、社内のコミュニケーションの緊密化が醸成され、モチベーションの高揚につながる。そして、社長自らがビラ配りをすることによって全社員に経営マインドを浸透させる。このビラ配りにこそ、まさに〝小林章一流〟の感動経営の極意が秘められているのである。

短期収益至上主義の欧米型経営は間違っている

人を育て、技術を育て、事業を育てる。そんな「育てる経営文化」こそ、日本企業の経営の原点であろう。一方、欧米型経営は資本効率至上主義の、人をスカウトし、技術を買い、事業をM&Aする、いわゆる「選択する経営文化」だと私は考えている。ところが、昨今、グローバリゼーションの進展で、その欧米型経営の形式的な面だけが日本に蔓延している。小林はこの状況をどう考えるのか。

小林　上場企業なら短期的に原価を下げて、一時的にでも利益を増やして時価総額が上がればいいという考え方ですね。効率を重視するあまり、開発生産の外注比率が高くなる。弊社も一部アイテムは外注していますが、基本であるスキンケアとファンデーションは自社でつくります。外注では自社にノウハウが残らないし、市場に出回る商品もさほど他社と変わらなくなってしまいます。だからいま、外注していた部分の見直しを進めているのです。

〇八年、ふと思い立って工場のメンバーを集めました。人がやったことがないもの、前例がないものに挑戦するというアルビオンの原点を説き、先にお話しした通り、〇九年一一月に「エレガンス」という商品を全面リニューアルすることにしたわけです。

今回のプロジェクトでは、私も含めて忘れかけていた原点があることを痛感しました。そこで営業メンバーにも何か気づきを与えられないだろうかと考えました。特に男性の営業メンバーは自分で商品を使うことはほとんどありませんから、商品を自らの言葉で語るのは難しいんです。それで創業当時の乳液と化粧水を男性の営業全員がつくってみることにしました。若い社員から順に二人一組で、私も五年目の社員と組みました。彼は「手が震えて仕事になりません」と戸惑っていましたが（笑）、〇・〇一グラム単位で原料を調合しますから私も手が震えました。完成したのは違う色の液体でしたが、商品への愛着は湧きますよね。

グローバリゼーションの進展はもはや止められない。今後、日本の企業はますますグローバル化に拍車がかかるだろう。しかし、小林は、資本効率重視、経営効率一辺倒の欧米型経営については批判的な見方をする。

小林　私は、たとえば前年比の売り上げではなくて、お客様の喜ぶ顔だけを見て商売をやりたいと思います。これは楽しいですよ、本当に。でもなかなかそうならない。みんな前年の売り上げばかりに目が奪われている。

それからＲＯＥ（株主資本利益率）とかＲＯＡ（総資本利益率）とかいう経営指標にこだわる経営はいかがなものかと思う。五十何年間増収増益というのも、結果としてならばそれは素晴らしいことですが、増収増益などを目的化してはいけない。自分たちの手足を縛ってしまいます。

一人ひとりのお客様の喜びやご満足があってこそ、いまのアルビオンがあることを認識していさえすれば、一生懸命働いた結果、売り上げが下がっても、原価が上がっても問題にはしません。お客様にこれだったら喜んでいただける、これなら感動していただけるんじゃないかって思ったら、その中で原価削減の努力をすればいいのです。

先日、ある証券アナリストが私に、「今年は原価が上がりましたね」とか言うわけですよ。私はふざけるなって言ってしまった（笑）。お客様に喜んでいただくというアルビオンの原点を変えるつもりなどない。原価を下げて利益を上げることと、一時的に原価が上がってもお客様に喜んでいただくことのどちらを選ぶかと言われれば、私は迷わず後者を選びます。

短期的に原価を下げて、利益が上がって、内部留保を減らして配当増やして、一時的に時価総額を上げて、ＲＯＥを上げればいい。そんなことを言っているから、アメリカのような、金が金を生む、楽して金儲けができる国を生んでしまう。モノづくりに楽はないのです。

かつて私は、日本の企業文化のよさは、とりわけ「育てる文化」だと書いた。人を育て、技術を育て、事業ですら育てる。しかしアメリカ型の選択社会では、人はでき上がった人材を高給でスカウトし、技術や企業はM&Aで手に入れる。そのほうが経営効率が高いからだ。

小林　最近、渋沢栄一《しぶさわえいいち》さんの『論語と算盤』を読んで心を打たれました。道徳と経済の融合。日本の経営というのは、ああいうことなのではないかと思います。いま、アメリカ的な経営管理の手法が、あまりに幅をきかせすぎています。役所も含めて。こういう時代だからこそ、渋沢栄一の発想がいまとても貴重なんです。私は、密度を濃くしていきたい。お客様、お取引先、社員との信頼関係を、ひたすら濃くしていくことを目指したいのです。

そもそもなぜ上場するのかを、よく考えてほしい。本来の目的は、幅広く資金を調達することであるはずなのです。そのためには、資金をこれだけ調達して、調達した資金はここへ投資し、あとはこういうふうに使うという明確な経営ポリシーと経営ビジョンがなければなりません。手元にお金はあるけれど、とにかく上場したいという考え方は、私にはありません。

いまの日本企業の風潮を見ていると、非常に危険だと思います。時価総額重視、株価重視、もっと株主に配当しろ、内部留保はするな、借金はそんなに気にするな、という雰囲気に満ちている。本当にそうなのでしょうか。

小林章一の問題提起は、重要な問題をはらんでいる。

グローバル化が進む中で、企業は株主ばかりを重視し、社員の満足度は後回しにしてきた。働き方も大きく変わった。企業は株主が所有するということは事実である。ただそれを支え、価値を高めるために努力しているのはそこで働いている社員たちである。社員が本当に満足し、この会社にいてよかったと思う、いわば満足度こそが、仕事のモチベーションを向上させ、顧客を満足させ、業績を押し上げる原動力になる。会社へのロイヤルティも増し、ますます満足度が上がる。これこそが企業が目指すべき好循環の構図なのではないだろうか。

多くの企業では、収益重視、株主重視経営に走るあまり、本来のミッションがしっかり守られずに、ややもすると軽視されがちになっている。その結果、遵法精神が希薄になったり、不祥事や災害にみまわれたりして、退場を余儀なくされる企業が増えている。過去の「新日鐵名古屋製作所」「ブリヂストン栃木工場」「出光興産北海道製油所」などにおける大規模な事故、「雪印」「不二家」「船場吉兆」といった業界ナンバーワン企業、老舗企業、名門企業でさえも、消費者を裏切って退場させられた例を挙げてみれば、この「守りに強い企業」「コンプライアンスへの取り組みをする企業」であることの重要性はわかるはずだ。

いかに、創業のミッション、創業の精神、創業の哲学を社員全体で共有することが大切であるかは、三井物産のケースを見ればうなずける。

三井物産は二〇〇二年九月に、国後島の発電施設の不正入札事件で会長、社長、副社長が引責辞任する事態に追い込まれたことがあった。そんな中で、社長になったのが槍田松瑩《うつだしょうえい》だった。就任当時の社内の様子を槍田は私にこう語った。

「欧米流の競争原理が強く導入されすぎて、成果や評価はすべて金という形で表現されるようになった。たくさんお金を稼ぐ会社はそれだけで偉いとか、たくさんお金を獲る人はそれだけで成功者といわれ、高い評価を得る。三井物産の中にもそういう価値観に流され、数字さえ上げれば高い評価を得られるという風土が生まれつつあった」

そこで槍田に直接メールを送るCEOメール、コンプライアンスの構築、車座集会とさまざまな対策を行った。しかし、二年後の〇四年一一月、今度はディーゼルエンジン車粒子状物質除去装置のデータ捏造が発覚。相次ぐ不祥事によって三井物産の信用は大きく失墜し、危機感を募らせた槍田は徹底した社内調査を行い、この問題根絶のために取り組んだ。

槍田は社内体質を変えるためのポイントを次のように挙げる。

「グローバル化が進むほど、企業は利益重視とか株価重視の経営を余儀なくされる。最も大事なことは、利益を最大化することではなく、世のため人のための仕事をしているかどうかだ」。その上で、「短期的な定量評価で企業のパフォーマンスが測られていく世の中になればなるほど、創業理念に立ち戻る必要がある」と強調する。つまり、この会社はいったい何を目指してスタートしたのか、何を追求する会社なのかを常にチェックし、間違った方向に進もうとしていれば、それを是正する——このことを絶えず考え、行う必要があるということである。

小林　おっしゃる通り、利益至上主義では経営を間違える可能性があります。

たとえば、新製品をつくるために、工場に億単位の投資をするとします。それは内部留保がなければできません。われわれは付加価値、新しさ最優先で高級品をつくっています。もちろんそれが売れるかどうかはわかりませんから、銀行はお金を貸してはくれませんし、投資家だって理解できないでしょう。内部留保するのなら株主に還元しろという発想には違和感を覚えます。企業は内部留保があるからこそ中長期で新しい価値の創造に挑戦できるのです。新しい芽、新しい商品、新しいブランドを育成できるということを、日本の企業はなぜ声を大にして言わないのでしょうか。こういう日本の風潮は大問題だと思います。

そこにこそ、この不況時代に一〇%近い営業利益率をたたき出している要因があるのではないだろうか。

小林　それは違います。極論すればその手の数字は結果論です。アルビオンの売り上げはいま四三三億円で、営業利益率が九・二％あります。そこで私は、売り上げを四〇〇億円にして、営業利益率を二〇％にしようと言いたい。もちろん極論ですよ。売り上げを下げろということではなくて、そういう数字を出せることこそ足腰の強い会社の証拠です。

もっと言ってしまうと、利益至上主義、時価総額主義の企業は、どうしても安全志向、安定志向が強まると思います。株主還元ばかり気にしているわけですから、そうならざるを得ない。私は、そうした経営は化粧品業界、ひいてはファッション業界には向かないのではないかと思います。

私も経営者ですから、売り上げ、利益はもちろん重視します。でもそれ以上に、高級品ビジネスには大切なものがあります。

マーケットシェアナンバーワン主義は捨てる

企業は株主のものであっても、それを支え、価値を高めるのはそこで働く社員たちである。社員の満足度を上げれば仕事へのモチベーションも上がり、結果、企業業績を押し上げる。しかも、それが会社へのロイヤルティにつながり、再び社員の満足度になり……といった好循環が続く。これまで日本企業が持っていたもので、急速なグローバル化によって失われたものは、社員の仕事に対するプライド、会社や仕事へのロイヤルティであり、社員の仕事に取り組むモチベーションではなかったかと思う。さらに、置き去りにしてしまったものに、日本企業の最大の強みであったはずの「集団力」「チーム力」がある。

その点、アルビオンは、日本企業が本来持つ強みを残している。美容部員は専門の知識や技術、接客について徹底的に教育を受けた専門職としてのプライドを持って、顧客を感動させること、つまり、「きれいになりたい」というニーズに応えるのを喜びとしている。

小林は日本の顧客と欧米の顧客の違いをどう見ているのだろうか。何か違いはあるのだろうか。

小林　お客様の感性は日本と欧米でも変わらないと思います。違いがあるのは、あくまでメーカー側です。私たちは化粧品メーカーとして、お客様に商品をアピールしてきたという文化がある。そういう観点から言えば、日本と欧米の化粧品文化に違いがあるだけであって、お客様の感性そのもの、きれいな肌を手に入れたい、こんな新しいメイクに挑戦して新しい自分を発見したいという思いはまったく変わりませんよね。

ヨーロッパやアメリカの企業は、比較的単品訴求型のマーケティングが多い。この一品を見てほしい、という訴え方になります。しかし日本の会社は、ブランドであったり、システムであったり、あるひとつのライン全体で、こんなふうにきれいになれるというアピールをするわけです。

そもそも資本主義のコンセプトは、資本、土地、労働力を用いて、モノを継続的に供給することにある。先進国では供給が需要を大幅に上回って、モノが溢れ、新たな市場開拓の必要が生じた。そこでBRICs（ブラジル、ロシア、インド、中国）と呼ばれる新興国を含めた発展途上国に注目が集まったわけだが、そうした新規市場における需要にも限界があり、いずれ先進国経済は衰退してしまいかねない。そんな危機感から、アメリカが編み出したのは、本来モノでない信用そのものの証券化であり、商品化であった。グラス・スティーガル法の廃止で、アメリカでは証券会社だけでなく、銀行もこぞって取引に着手した。その結果、大手証券会社の米リーマン・ブラザーズは倒産し、金融システムが破綻したのである。

もはや、先進国にはモノが溢れている。車にしても、家電製品にしてもそうだ。化粧品もまさにその罠にはまり込んでいるとは言えないか。

そんな時代に、化粧品メーカーとしてのアルビオンは、どの道筋を進むつもりなのだろう。

小林　私は、ひとつの化粧品ブランドで、一〇〇〇億円、二〇〇〇億円を超える売り上げを上げるということは、本当はありえないはずだと思うんです。

あくまで私の感性では、という話ですが、仮に一〇〇億円のブランドが一〇あって、結果的にグループ全体として売り上げ一〇〇〇億円ということならあるかもしれませんが、たった一ブランドで売り上げ一〇〇〇億円を超える会社というのは、化粧品業界ではあってはならないし、ありえないと思うのです。それはどこかに歪みがある。本当に生意気で失礼なことを言っていますね。他社さんに叱られるのではないかと心配しています。

でも、お客様の肌がみんな違っていて、好みもいろいろあるはずなのに、これだけ多様化した世の中で網で引き上げるかのような売り上げの上げ方なんて、基本的にありえないと思いませんか。これは、日本の化粧品業界の特殊性と言えるかもしれません。

実は、化粧品業界において、高級品と一般品の市場を分けてデータを取っていないのは日本だけなんです。そもそもそういう概念がない。

なぜかというと、日本においては、化粧品がビジネスとして始まっているからです。ブランドビジネスとして始めた人は一人もいない。

多くのメーカーは戦前、あるいは戦後すぐに始めていますから、他の業界と同様に売り上げを上げることを最もよしとする、もっと言えば短期的な売り上げさえ上がっていればいい、このマーケットでナンバーワンを目指して頑張ろうという発想で走ってきたわけです。もちろん私も売り上げは大事だし、欲しいですよ。でも本来この考え方は、化粧品会社には一切そぐわないのです。

ヨーロッパに行くと、高級品マーケットと一般品マーケットでは別にデータを取っているし、そもそもデータの取り方もまったく違う。要するに別のもの、別の業界として認識されていて、業界団体まで分かれている。ところが日本のメーカーは事業で始めてしまったために、マーケットシェアを拡大することや売り上げで前年をクリアすることが最大の目的になってしまっているわけです。これが、欧米と日本の化粧品業界の最大の違いです。したがって、日本では化粧品というものが欧米とはまったく別物の文化として育ってしまった。今後はそういう考え方をする会社は圧倒的に厳しくなると考えています。

経営者にとっていちばん大事なものは何か

私が質問をする前に、小林章一は言い切った。

小林　会社って、経営者なんですよ。

小林の話を聞くたび、思い出すことがある。成功する会社に共通するのは、社長がこの会社をどうしたいのかを、その想いを熱く自分の言葉で伝えているということだ。

小林　若輩者のくせに、生意気言って申し訳ありませんが、結局、会社って経営者なのです。経営者が何を考え、どういうふうに動き、どうリーダーシップをとって、自ら伝えるか。それしかありません。

ブランドを育て、人材を育て、独自の商品にこだわる。創業理念を徹底的に守る。ただし、守るための手法はどんどん変化させていく。過去の自分を否定し、成功体験には見向きもしない。それが小林の経営手法である。

小林　経営理念は守りますが、経営手法は時代の変化に応じて思い切り変えていきます。過去を否定することになりますけど、それは覚悟の上です。理由は、時代が変わり、お客様が変わっているからです。いままでの延長線上でやると、企業は潰れてしまいます。縮小均衡で残ることができればいいほうでしょうね。

アルビオンという会社は私が何かを新しく発明したわけでなく、もともといい所がたくさんあったんです。私はそういう所にスポットを当ててきただけとも言えるんです。

「小林さんはアルビオンをいろいろ変えましたね」と、よく人から言われます。私はお客様を見ているからこそ、手法を変えているのです。反対に、変えずに平気でいられるのはお客様を見ていない証拠です。最後に残るのは祖父・孝三郎の経営哲学と理念だけです。

一般的に、経営理念はＷｈａｔの世界であるのに対して、経営手法はＨｏｗの世界である。この会社はどういう商品をどれくらいつくり、どういうお客にどれだけの量を売っているのか。これがＨｏｗの世界である。一方、この会社は何か。会社の社会的存在理由は何か。ミッションは何か。これがＷｈａｔの世界なのである。Ｗｈａｔが明確でなければ、Ｈｏｗはない。ところが、経営者の中には、Ｗｈａｔを語らず、Ｈｏｗだけを訴える人が多い。

小林　売り上げ至上主義、利益至上主義、安全志向、安定志向なんて、まさにＨｏｗのそれですよね。これはできないのではないか、やらないほうが無難なのではないか。あれをやったらまずい。これは無理だ……すべてそういう発想から入ってしまう。

そこを原点に引き戻すのは経営者の役割です。適当に前例踏襲でやらせて、ミスした人間に責任を取らせておいて自分は安穏としているなんて、経営者ではありませんよ。私だって数字は欲しい。今後は価格を倍にすれば売り上げが倍増するかもしれない。思い切って安売りする商品をつくったほうがいいのかもしれないと。そんなこと、やろうと思えばすぐにできますよ。でも、それをしないのは経営理念があるからです。哲学があるから我慢できるのです。

私は常々、社長の最大の仕事はビジョンをつくり、収益を上げることだと考えている。そのためには、社員を鼓舞しなければならない。小林もその点にはずいぶん力を注いでいるようだ。

小林　二〇一〇年の会社のテーマは「全員チャレンジ目標達成」。全員がチャレンジする目標を立てて、それを達成しようというわけです。できる営業は放っておいても大丈夫かもしれない。でも一生懸命なのに結果が出ないメンバーもいる。彼らに結果を出させて達成感や充実感を味わわせてあげるのが、私も含めた役員と管理職の役目です。目標の高低よりも、肝心なのはまず社員が感動すること。おっしゃるように社員が感動しなければ、お客様は感動しません。

小林社長は、創業理念以外はどんどん壊すという経営を実践している。守るために、リスクを恐れないで新しいことに挑戦する。考えてみれば本田宗一郎《ほんだそういちろう》、井深大といった日本の名創業者はみんな失敗を恐れないで革新し続けた。

小林　私は、「成功とは仕事の一%であり、それは九九%の失敗によってもたらされるもの」と言う本田宗一郎さんのファンなんです。著書はもう暗記するくらい読みました。目指している会社像は単純で、活気があって社員が誇りに思える会社です。そのために私も社員の声に耳を傾け、感謝の気持ちを忘れないように心がけています。

第三章

ブランドづくりを支える
ベンチャースピリット

ブランド万能の時代は終わった

小林　ブランド万能の時代は終わったと思います。より正確に言えば、ブランドだけで売れる時代ではなくなったということです。

たとえば、この二、三十年間で、日本のお客様が買える化粧品ブランド、化粧品会社の数は急速に増えました。かつては数社しかなかったブランドも、いま百貨店に行けば、国産・外資あわせて四〇以上あります。お客様が選べるブランドの数が飛躍的に増えました。かつてない熾烈な競争の時代に突入しています。

さらに、お客様が簡単に入手できる美容、化粧品に関する情報も圧倒的に増えました。たとえば、講談社さんだけでも女性誌が六誌もありますよね。他の出版社の女性誌も、毎号美容や化粧に関する特集を組まれています。さらに、ネットを見れば人気商品ランキングや、お客様同士の口コミがさかんにやり取りされています。それだけお客様の商品知識は豊富になっているということです。

お客様が化粧品を購入できる場所もどんどん変わってきています。三〇年前なら、化粧品専門店様と百貨店様しかなかったのが、マツモトキヨシさんやコクミンさんのようなドラッグストアチェーンが出てこられた。また、スーパーマーケットさんやコンビニさんも、はたまた一〇〇円ショップでさえも、化粧品を販売するようになりました。さらに、テレビの通販でも売られているように、化粧品はいろいろなところで購入できるようになりました。購入手段の選択肢が増えたわけです。

以前であれば、われわれもお客様も、その化粧品が外国製なのか国産なのかという分け方をしていました。でも、いまそんなことを気にしているのは、一部の百貨店のバイヤーさんか業界の方くらいでしょう。お客様では少数派でしょうね。特に二〇代、三〇代のお客様はなおさらです。

かつては、このメーカーのこのブランドならばすべての商品がオーケー、安心感、信頼感があるから、すべてこのブランドで揃えたいという発想があったわけですけれど、いまやお客様はTPOに応じて、ご自分の肌の悩みに応じて、選ぶ商品をご自身で使い分けています。ブランドにあぐらをかいた商売は、これからは通用しないと思います。

たとえば、CDのアルバムを買いますよね。十数曲入っている中で、好きな曲って何曲あると満足すると思いますか？

音楽をつくる側の理想としては、全曲が毎回聴きたいと思わせる曲であってほしい。でも聴く人はそうではない。お客様が一曲一曲を判断するのです。化粧品の場合お客様は女性ですから、好きか嫌いか、きれいかきれいじゃないか、かわいいかかわいくないか、一品一品それだけで判断されて買い分けて、TPOによって使い分けるということだと思います。だから、お客様の期待を超えないと反応してくださらないのではないかと思います。
品質と同時に、たとえば商品ディスプレイの環境、照明の当たり方や、売り場に立つBA（ビューティー・アドバイザー）の制服、それからBAの方の肌、身のこなし、言葉遣い、知識や教養といったことから出る人間性、そういうことを全部ひっくるめて高級品らしさが醸しだされるんです。統一感も必要ですが、全体感がすごく大切だと思っています。
一方で、同時にブランドとして何を大切にしているのか、アルビオンは「素肌と生きる」ということを謳っていますが、わかりやすく言えば〝透明感のあるしなやかな肌〟がアルビオンの目指す肌づくりということになります。だからこそ「アルビオン」ブランドはスキンケアとファンデーションという商品のカテゴリーで売り上げの八割近くを占めています。それは、アルビオンのコンセプトがある結果なんです。

株式会社アルビオンは、「アルビオン」という名の化粧品ブランドを基幹としている。この他に、「エレガンス」や「イグニス」「ソニア リキエル」「アナ スイ」「ポール&ジョー」のブランドも手がけている。

小林　たとえばBAの制服をつくるときも同様です。制服を二年に一度つくるとした場合、大切なのは、ただ素材的に二年間もつ制服をつくるよりも、アルビオンらしさ――たとえば清潔感、品格、ピュアであることといったイメージ——を追求したような制服をつくる。着心地で実感できるような上質な素材を使って、アルビオンはここが違うということを着ているＢＡが毎日実感しながらお客様に相対できるような制服にする。両者ではまったく意味が違ってくると思うんです。

商品開発も同様ですけれど、そうした一つひとつのつくり込みが、最終的に全体としてブランドというものを形づくっていく。

ブランドとは、本来は目に見えるものではないのです。お客様それぞれの頭の中にあるイメージだと思います。信頼感と言い換えてもいいかもしれません。

ブランドというものの捉え方が、根本的に変わってしまったことになる。五〇品目、一〇〇品目に網をかぶせるようなメーカー都合のブランディングは、もう通用しないというのだ。

では、これからのブランドとは何なのか。

小林　高級品の場合、商品一品一品そのものがブランドになります。ブランドから商品を生み出していくのではなく、一品一品の商品が結果としてブランドをつくっていくという発想に変えていく必要があります。

アルビオンでご好評をいただいている商品は、大きく四つあります。まずハトムギエキス配合の化粧水「薬用スキンコンディショナー エッセンシャル」、リクイッドとパウダーの良さを併せ持つ、シフォンケーキのような感触が得られる「シフォンファンデーション」、マルチユースの美容オイル「エクサージュ ハーバルオイル」、そしてアルビオンの最大のこだわりであり、独自の美容理論に基づく「乳液」です。これらが、いわばアルビオンの顔となっていて、お客様からもアルビオンと言えばこれ、という定評をいただけていると思います。こうした商品をいかに一品でも多くつくり、育てていくかが重要なテーマになります。

化粧品は、基本的に九五％以上の商品が、発売当初、あるいは発売初年度が最も売れるんです。考えてみれば当然ですよね。発売した瞬間がいちばん新しいし、話題性が豊富で雑誌でも取り上げてくれます。旬だからです。

私がつくりたいと思う新製品は、発売当初はそれほど大ヒットはしないけれども、気がつくと、翌年、また翌年と売り上げが継続的に伸びていくような商品です。「ハーバルオイル」がそうなんです。広告は一切打っていませんが、売り上げはどんどん伸びていった。「@コスメ」という口コミサイトで年々口コミ件数が増えているんです。じわじわ口コミで広がって、気がついたら売り上げが上がっていた。これが私の理想とする姿です。

「これを売りたい」というのは、メーカーの意志です。意志を持つことはとても大切なことです。一方で、お客様の反応も大事なのです。お客様の声にしっかり耳を傾けないといけない。萎縮して自分たちの売りたいものをなくせというのではない。だけど片側で、将来大ヒットにつながるような、柱になってくれるような商品の卵が、お客様の声の中にあるかもしれない。それを拾い上げていかないと、これからの時代は厳しい。

会社というのはおもしろいもので、売り上げが大きくなってくると独自性や新しさって出しにくくなる。以前なら、多少危険を冒してでも、新しいものを出してみようと思ったかもしれない。でも売り上げが大きくなってくると、一方では守らなければいけないものも出てくる。あるいは、以前会社が小さかった頃に持っていたお客様との濃い関係が、会社が大きくなると徐々に薄くなってしまうんです。

アルビオンよりも小さい会社、まだ生まれたばかりの会社が持っているダイナミズムから学ぶことがすごく多いのではないかと、最近強く感じています。もちろん大手さんから学ぶべきこともあります。しかし、規模が小さくて商品も数品しかないけれど、その一品一品が想いと個性で溢れているような、お客様の感性に訴えかけられるような商品をつくっている会社に学ぶところが多いですね。

いまこの瞬間、「アルビオン」という名前で薬を出しても、絶対売れません。ブランドアイデンティティが違うからです。お客様の脳裏に焼きついたブランドアイデンティティは、そんなに簡単なものではないんですよ。だから洋服のメーカーがいきなり化粧品を出しても、簡単には売れないと思います。洋服ブランドの名前で、よくブティックの端っこで化粧品をちょっと置いてみたりするじゃないですか。難しいですよ。
ましていま、ファッション業界はグループ化してしまった。各ブランドの個性がどんどん失われてしまい、つまらなくなった。全部似てきてしまったのです。お客様から見てもつまらないし、期待を超えないわけです。つくるほうも安くつくってたくさん売りたいから、結局投資を抑える。何十億円の広告費を使って簡単に売ろうとするわけですが、商品がつまらないと売れないから回収できない。次の投資はもっと少額になる、という悪循環になってしまう。

アルビオンは、他の大手化粧品メーカーのようなブランド全体の価値を高める〝ブランド戦略〟は打ち出していない。広告宣伝は不要だと考えているのだろうか。私が、「フランスの有力メーカーのブランディングはマスメディアを巧みに使っていますよ」と言うと、小林は首を横に振りながら言った。

小林　だから多くのフランスの企業は厳しい状況に直面しているのではないでしょうか。主な原因は、極端にグループ化が進んだことだと思います。規模の拡大ばかりが先行し、各ブランドが個性を失ってしまったことが現在の状況を招いてしまった。
ひとつのブランドが創業するとき、そのブランドの哲学や経営理念に、マーケットシェアを何パーセント獲得するとか、売り上げでナンバーワンになるなんて言葉は含まれていません。もっと素晴らしい哲学やコンセプトがあったはずです。グループ化が進むと、崇高な理念が短期的な利益優先に変わってしまう。目先の数字を追うばかりで守るべき大切なものを忘れてはいけないですよね。

時代は変化しています。欧米一流ブランドへの憧れから、誰もが欧米のブランドへ走る時代は終わったと思います。いまの若い女性はネットや雑誌など、いろんな情報に基づいてワクワクする商品を選び、自分たちなりのライフスタイルを築き上げています。ですから、こういうファッションにしましょう、という過去の雰囲気は通用しなくなりました。

二〇代、三〇代のお客様の変化をつかむ

小林　あくまで私の見方ですけれど、特に日本人の二〇代から三〇代前半までの女性には、変化が現れてきていると感じています。あくまで商品一品一品を見て判断しています。国産のブランドだからダメだとか、フランス製だからいいという見方をしていないと思うんです。

失礼な物言いですが、四〇代以上のお客様は、ブランドに対するリスペクトが強いんです。ルイ・ヴィトン、シャネル、ブルガリ。あるいはメイド・イン・フランス、メイド・イ

ン・イタリー。私自身を含めて、そうしたものに対する尊敬の念、憧れ、ありがたみが大きい。

一方で、二〇代の女性の方々は、東京・渋谷駅前にあるファッションビル「109」に入っているようなブランドの服を着ながら、シャネルのバッグを持っているわけですよ。私はそれを見てすごいと思った。自分がいいと思ったらなんでもいいんです。しかも、値段の高い安いではないんです。お金がなければ上手に安くやっているし、どうしても欲しいものにはお金を使う。それでいいんです。それがスタイルですから。お金をかけなくてもライフスタイルはつくれるんですよ。

私なんか、おじさんですから、なかなか「109」には入りにくい。勇気がいりました。しかし、中に入ると、ファッションはおもしろい。若い方に人気の「Francfranc(フランフラン)」というショップにはハート形のピンクの桶とかあるんです(笑)。それを発見したときの女性たちの楽しそうな顔。本当におもしろい。私自身もワクワクしましたね。

ウェッブサイトや雑誌が氾濫していて、これだけ情報過多になっている時代に、逆に自分なりの見る眼、意志、信念を持っていて、それに基づいて勝手にいろいろなものをピックアップしているわけです。

おもしろいスタイルを持っているモデルさんのブログなんて、一日一万件ものアクセスがあるという。もはやメディアに近いですよね。

お客様がいろいろな情報を集めて、自分たちのライフスタイルを築き上げている。モデルさんや芸能人、俳優さんも、自分たちでブログやツイッターなどで情報発信して、それを若い子たちが参考にしているということです。自分の洋服をサイトで売っている人すらいるわけです。もう昔とは全然違う。

当社の「エレガンス」というブランドは、シャネルさん、ディオールさんなど、超有名ブランドと比べると、ブランド力も知名度も劣っています。

私がそういうブランドに賭けてみようかと思ったのは、「エレガンス」の可能性を確信しているからです。知名度では劣りますが、おもしろいものをつくり続ければ、もしかしたら将来欧米の超一流ブランドと伍して戦えるかもしれないと思っているんです。だって、いまの若い女性は私が聞いたこともないような日本の洋服のブランドに、シャネルのバッグを合わせたりしているわけですから。

新しく外部から招いた女性メンバーが私に聞いてくるんです。「社長、『エレガンス』が将来シャネルと対等に戦えると思っていますか?」。私は無理だと思うと言ったんですよ。するとものすごくがっかりした表情で、「社長はそういう思いでお仕事をされているのですか?」と言われてしまった。そうか、もしかしたら、知名度があろうとなかろうと、「エレガンス」というブランドでもヨーロッパの超一流ブランドと戦える日が来るんじゃないかと考え直したんです。
その社員からアイデアを出してもらったら、とてもおもしろかった。「エレガンス」という名前から派生したイメージというか、それから私の思いでもあるのですが、メイクの商材、要するに口紅やネイル、アイシャドーとかチークとかマスカラというのは、女性にとって宝石のようなものであってほしいと考えているんです。キラキラ輝いていてほしい。憧れであり、大切なものであってほしい。
私は九七年にアルビオンの「エクサージュ」というシリーズを立ち上げた時もワクワクしたものですけど、今回もそれと同じです。つくり手がものすごくワクワクする。楽しいですよ。工場の人間は大変です。だけど「こんなもんつくろうや」って言って、みんなで完成させたら、本当に嬉しいものですよ。

考えてみれば、戦後一〇年そこそこで、他社の化粧品が一〇〇〜二〇〇円だった時代に、一点一〇〇〇円以上もする高級化粧品を市場に送り出したアルビオンは革新的な存在だ。それを売り続けてきた企業の伝統、文化というのは、どうやって構築してきたのだろうか。

小林　私はこの一〇年間、その伝統文化を復活させているんです。逆にいうと、三〇年前から一〇年前あたりの頃は、社内にそういう文化が薄くなっていた時期でした。あまり努力をすることもなく売り上げが上がることに慣れてしまっていたんですね。

アルビオンという会社はそんな商売のために生まれたのか。最初からこれはできない、あんなものはつくれないというだけの会社だったのか。それは違う。だからできない、やれないは言うな、と口を酸っぱくして言っています。

だから、私たちは常に勉強しなければいけないんです。ただきれいな色をつくるなんてことは誰にでもできることですから、勉強して、たくさんの技術、教養を持って、その上で女性に対する熱いメッセージを持ちたいということなんです。

私はこういう思いを持つことが大切だと思うんです。ただ商品をつくればいいのではなく、つくり手のメッセージがこれからの商品、ブランドに大切ではないのかと強く感じます。

国際事業が経営感覚を育てた

アルビオンは、基幹ブランドである「アルビオン」以外にも、複数の国際ブランドを手がけている。なかでも、アパレルブランドと提携し、ファッションデザイナーのコンセプトを色濃く反映させたブランドづくりに力を入れている。その位置づけを聞いた。

小林　まず「アルビオン」というブランドは、〝透明感のあるしなやかな肌づくり〟というテーマがあるわけですからファンデーションやスキンケアが主体です。一方で、「エレガンス」はメイクが主体という位置づけになります。

とはいっても、実は「エレガンス」も、正直に言ってファンデーションが強い割にポイントメイクは弱かったので、そこを〇九年度から強化しているわけです。また、トリートメントが主体の「イグニス」もあります。

そして、「ソニア リキエル」。ファッションデザイナーであるソニア・リキエルさん個人の感性をもとに創ったブランドで、私がアルビオンに入社して最初に担当した事業です。その後、同様にアパレルブランドとしての個性を化粧品として最大限具現化した「アナ スイ」や「ポール&ジョー」も手がけました。

こうした国際事業を初めに担当したことが、実は現在の〝小林経営〟を形づくる大きなファクターになっている。ブランドの開拓、商品開発、国内の営業、海外への逆展開。そのすべてが垂直的に統合されているからだ。

小林　海外ブランドを手がけることの最大のメリットは、すべてを見られたことです。まず、どのブランドと提携するかという開拓から始まって、コンセプトを摺り合わせ、商品ラインアップを考えます。この過程で工場ともやり取りする必要があります。販売に当たっては、国内・海外の営業も絡んできます。

私は国際事業を手がけたことでとても勉強になりました。まず総務に入った、経理をやった、営業でもまれましたというのでは、結局そこの視線でしかビジネスを見られなくなってしまう。でも国際事業に関わったおかげで、すべてのビジネスを流れで見ることができたわけです。

失敗のデパートだった「ソニア リキエル」

小林章一は、西武百貨店を退社後、父が社長を務めていたアルビオンに入社する。一九八八年、まさにバブルのピークに向かって日本経済が駆け上がっていた頃だった。

アルビオンは八七年にフランスの女性ファッションデザイナー、ソニア・リキエルと提携し、新たなブランド「ソニア リキエル」を立ち上げていた。

小林　二五歳でパリに一人で行き、最初の一年間は大学で語学などを学びました。
なぜフランスだったかというと、当時ちょうど「ソニア リキエル」事業を立ち上げたばかりで、フランスで会社をつくる必要があったからです。

「ソニア リキエル」商品の半分くらいはフランスの協力会社でつくり、メイド・イン・フランスとして日本に輸入していたのです。化粧品にはメイクアップとスキンケアがありますが、「ソニア リキエル」のメイクアップ商品、口紅、アイシャドー、チーク、ファンデーション、プレストパウダー、ネイル、マスカラなどはすべてフランスでつくらせるという方針だったわけです。スキンケアは全部日本製でした。

これは会長（筆者注・当時社長の小林英夫）のアイデアです。私はいまでも素晴らしいアイデアだと思います。

ただ、八七年に契約して、八八年には生産している必要があった。時間があまりなかったのです。実際に走りだしてみると、問題山積でした。

日本とフランスでは仕事の進め方がはっきり違う。協力会社とのコミュニケーションもままならない。口紅をつくっている工場、ファンデーションをつくっている工場、アイシャドーをつくっている工場とそれぞれやり取りして、たとえば「いつまでにこの色のこの商品を何個つくってください」と発注しても、ただ言っただけではできてこない。工場に出向いて、一生懸命仕事をさせないといけない。

ようやくでき上がってきても、品質が明らかに日本製に劣る。そもそも日本とフランスでは品質管理基準の厳しさが違うわけです。日本では少しでも口紅に穴が空いていたら不良品にしますが、フランスではそのくらいはオーケーなんです。だいたい、まず容器が開かないわけですよ（笑）。カチャカチャやっても全然開かない。マスカラにいたっては、普通濡れた状態になっているはずなのに、開けた瞬間から粉状になってしまっていましたから。まず日本の品質管理基準を、フランスの一つひとつの協力会社に理解してもらわなければいけない。

私も覚えたてのフランス語を一生懸命駆使して交渉するのですが、まだ入社したばかりで、言葉以前に工場のことなんて何も知らなかったのです。モノづくりの経験がないわけですからね。品質管理基準をどうやってつくったらいいか、具体的にどう工場を指導するかなど、わかるわけがなかった。

日本の工場から担当者に来てもらい、協力会社の近くの安ホテルに泊まって毎日通いました。

有名デザイナーの名をブランド化した化粧品をつくることは、父・英夫の夢とも言えるプロジェクトだった。しかし、慣れない海外との仕事に進んで携わろうとする社員は少なかったという。

小林　社員が社長の夢についていっていなかった。アイデアは素晴らしいけれど、会長の夢に対して、社員の腰が引けていた。やったこともない、言葉もできない。そんな面倒くさいことにはできれば触りたくないという雰囲気ですね。

加えて、「ソニア リキエル」自体がまだできたばかりのブランドで、知名度も高くない。そこに商品の粗さが重なれば、ビジネスとしてはなかなか難しいわけです。

しかし、その後の私の人生にとってすごくよかったのは、その時初めて、口紅やファンデーションがどのようにつくられるのかを、否応なしに勉強できたことです。原料、工程、機械、すべてをチェックする必要がありましたからね。

化粧品をつくっている協力会社は五〜六社あったのですが、それ以外に、たとえば容器のガラス瓶やプラスチック製品をつくっている協力会社、一個箱や段ボール箱をつくっている協力会社などがありました。すべて問題があったために仕方なく関わりを持ったわけですけれども、結果として、そうした工場の仕事ぶりも勉強することができました。いくつ以上だと自動でつくれるとか、この工程はどこまでいっても手作業などということが、何日も工場にいるおかげでわかるようになりました。

あまりにも問題が多かったために、好むと好まざるとにかかわらず、化粧品ができ上がる工程をゼロから学ぶことができたわけです。これは大きな財産になっています。

取り組み始めてから一年、二年と経つうちに、問題はだんだん改善されていきました。しかし二年後、最終的に私が会長に、「無理です。全部メイド・イン・ジャパンにしましょう」と進言しました。

日本とフランスのモノづくりには、絶対に越えられない文化の壁がある。お互いにモノづくりにおいて求めているものが違う。それがわかったからです。
当時、われわれの小さな商売と付き合ってくれる協力会社は、決して大きな会社ではなかったわけです。超一流の会社ではなくて、こういう言い方は失礼ですけれど、町工場のレベルの下請けだった。その会社に、「ソニア　リキエル」のブランドを冠した高級品をつくれということ自体、無理だったのです。

夢をいだいていた父の反応はどうだったのだろうか。

小林　二年間私が努力してきたことはわかっていましたから、「うん、そうだな。無理だよな」という感じでしたね。それ以前に品質クレームばかり寄せられていたわけですから。いつまでもこのレベルの商品を出し続けると、今度はブランドそのものがダメになってしまう。

こうして、いったんすべて日本に引き上げました。ただ、単にそのまま日本に持ってきても仕方がありませんから、メイクアップの商品を全面リニューアルする、そのタイミングで全部メイド・イン・ジャパンにすることにしたのです。

しかし、三年半に及んだフランス滞在時代は決して無駄ではなかった。ブランドに対するこだわり、考え方。一流の人たちと仕事ができた喜び。

小林　私がソニア・リキエルさんから学んだことはものすごく大きいですよね。

私が渡仏したときにはすでにアルビオンとの提携がまとまった後でしたし、当初一年間大学に通っていた間はほとんどコンタクトを取ることはありませんでしたが、現地法人をつくって以降は、彼女と二〜三ヵ月に一度は打ち合わせをしました。通訳も入れたりしましたけれど、基本は面と向かっての一対一です。こちらは片言のフランス語ですが。

会長は、フランスの中でもデザインに一貫性や主張があるということでソニア・リキエルさんとパートナーシップを結んだわけですが、実際にお会いして仕事をする中で私が感じたのは、一流の人というのは、常に自然体なのだということです。

そして、いわばソニア・リキエルらしさとでも言うべきものを、どういう方法で大事にしているのか、どんなブレーンを周りに置いているのか、などなど、感動したことは挙げればきりがありません。とにかく見ていておもしろかった。偉大な、素晴らしい人物です。

ソニア・リキエルさんは、私が最も影響を受けた人物と言えます。もちろん、彼女は何とも思っていないでしょう。ただ日本人の若造にちょっと教えてやったという程度の感じでしょうけれどね（笑）。最近はなかなかお会いできないのが残念ですね。

商品をリニューアルし、その機会にすべて日本での生産に切り替える。一大決心の後に小林は日本に帰国し、改めて「ソニア リキエル」の再構築を開始する。

しかし、新規ブランドの浸透は、決して簡単ではなかった。

小林　メイクアップ商品はすべてつくり直し、安心できる自社工場での生産を始めました。とにかくリニューアルは果たしたわけですけれども、結局その後も全然売れない。惨憺たる有り様でした。

当時「ソニア リキエル」の店舗はまだ数店しかありませんでしたが、夕方までの売り上げが、口紅たった一本四〇〇〇円、しかもそれは美容部員が買ったものだということさえありました（笑）。いまだから笑えますけれど、そういう日々が続いていたのです。

知名度がないことに加えて、それまでの品質の問題でお客様をがっかりさせてしまったこともあったのかもしれません。

つまり、私にとって「ソニア リキエル」はゼロからのスタートではなく、マイナスからのスタートでした。もうとにかく、なりふり構わず少しでも売り上げを増やすためにいろいろなことをやりましたよ。

ＤＭを出そうと考えたのですが、ろくな予算もない。高級品を買ってくれるいいお客様のリストなんて、どうやってアクセスすればいいかもわからないわけです。

そこで考えた挙げ句、高級住宅街がある地域の対象年代の女性全員にＤＭを出せばいいのではないかと思いつきました。まずは渋谷区だろうということで、渋谷区役所に行って住民票を閲覧したわけです。いまでは不可能ですが、当時は誰でも転記することができました。その中から、二〇～四〇代の女性の方をひたすら手書きで写してきて、自分たちでＤＭを一生懸命送ったのです。

とにかく新しいお客様を呼び込むために、できることはなんでもやりましたね。

その後も小林章一はさまざまなつてを頼って、高級化粧品を使う層とマッチするシティホテルやクルマのディーラーなどに協力を仰ぎ、知名度の向上を図った。

小林　本当に少しずつですが、売り上げは伸びていきました。ただ、九〇年代前半は売り場の確保にも四苦八苦でした。百貨店では改装のたびに追い出されるか残れるかという交渉にさらされるのです。

「ソニア リキエル」では苦労ばかりでしたけれど、それでも元気に一生懸命やっていると、百貨店の方々の中には迷惑がらずに気に入ってくださる人も出てくるんです。「お前のところ、全然売れていないけれど、お前は元気でいいな」とおっしゃってくださる方が、だんだん出てくる。この日々の経験があったからこそ、いまアルビオンの営業担当者と差しで話しても、社長と社員という枠を超えて通じ合えるんだと思うんです。

九五年くらいからようやく、追い出されるか追い出されないかという段階から、いい場所を取れるか取れないかというくらいの話に持っていけるようになりました。そこまでたどり着くのに四、五年はかかった計算です。それまでは「ソニア リキエル」にかかりっきりと言っていいくらいでした。地獄でしたね。

私は九五年にアルビオン本体のマーケティング本部長になったわけですが、百貨店の方々で、本当にキャリアの長い方は、私のことをいまでも「アルビオンの小林」ではなく、「ソニア リキエルの小林」だと思っておられますよ。


「ソニア リキエルの小林章一」といまでも呼ばれていることに、ひとつのヒントがあるように思える。この時からすでに、小林章一には経営者としての、それもきわめてベンチャーに近いスピリットが育っていたのだ。

「ブルガリ」と世にないものを問う

いまはアルビオンのラインアップにない、ブランドがある。ブルガリだ。

九五年にアルビオンのマーケティング本部長に就任した小林章一が、自力で手がけた事業だった。

最初のきっかけは、フランス滞在中に、イタリアに足を伸ばした際、偶然出会ったブルガリの香水に衝撃を受けたことだった。

小林　私が惚れてしまったんです。これは日本で絶対売れると確信した。そこでブルガリのCEO（最高経営責任者）、フランチェスコ・トラパーニ氏に「なんとかやらせてほしい。これを日本で手がけたい」と、何度も何度も手紙を書いたのです。

しばらくして「一度来なさい」と連絡があって、ローマの本社に出向き、ブルガリの香水をアルビオンで販売できることになった。これには社内中が驚きました。

ブルガリの香水なんだから、まず最初は新宿伊勢丹さんで売るほかない、と考えたのですが、新宿伊勢丹さんのアルビオンのコーナーは当時それほど売れていたわけではなく、小さなコーナーでした。猫の額のような売り場の四分の一くらいを強引にブルガリのコーナーにしました。そうしたら飛ぶように売れた。当時、新宿伊勢丹さんでのアルビオンの売り上げは、月々一〇〇〇万円強でした。長年積み上げてきた信頼と、数百種類の商品数で築いてきた数字です。ところがブルガリのたった二種類の香水が、小さなコーナーで月一二〇〇万円売れた。つまり、突然アルビオンで前年比、二百数十％になったわけですね。大成功でした。

他の百貨店さんにもどんどん広げ、専門店さんにも入れました。どこでも飛ぶように売れて、感謝され通しでした。
それだけでは飽き足らなくなり、しょっちゅうトラパーニ氏のところに行っては、「一緒に何か楽しいことをやろう」と言い続けていたんです。すると彼が「わかった」と言って、こんな話を始めたのです。

小林は、高級菓子の袋のような商品を取り出した。ほのかにいい香りがする。

小林　トラパーニ氏が日本に来たときに、おしぼりを見たそうです。彼はおしぼりの習慣を素晴らしいと絶賛した。そして、一緒におしぼりの「ロールスロイス」をつくろう、ありえないぐらい高級なおしぼりをつくろうと言い出したのです。
これは、私の人生の中でも本当に記念に残る、思い出の商品です。

よく見せてもらうと、パッケージの商品名は「Oshibori」と書かれている。

小林　そう、まさにブルガリがこれを「オシボリ」という商品名で発売したのです。香りがしますが、これは香水に浸したのではなく、ブルガリの香りがする化粧水に浸したものです。つまり、ジャンルとしては化粧品なのです。ということは、数年間乾燥してはいけない。そのためにはパッケージに気を遣う必要があります。

そういうテクニックに長けた四国の協力会社さんのところに行って、おしぼりのロールスロイスをつくってほしいと頼んだら、「もう、冗談やめてくださいよ、訳のわかんないこと言わないでくださいよ」なんて言われてしまいました（笑）。「どのくらい売るつもりなんですか」と聞かれたので、私もそれほど自信はなかったけれど、まあブルガリが世界で売るわけだから、「いや、きっと二〇〇万本はいける」と言って、嫌がる協力会社さんを口説き落としました。乾いてはいけないので、最終的には外装フィルムを四重にした。完成までは苦労の連続でした。

結果、初年度で二八〇〇万本が、まさに飛ぶように売れました。包装に苦労した甲斐があって、いまでも香るでしょう？　四国でつくった「オシボリ」が、世界中で売れたわけです。日本でも、料亭さんなどが何十個と買っていく。お客様へのおみやげにちょうどいいわけですよね。

ところが、徐々に両者の関係は微妙なものに変化していく。

小林　その時は、モノづくりも、売れることもおもしろくて仕方がなかった。トラパーニ氏も勢いづいて、ブルガリがフェラガモの香水を手がけることになったので、大々的に日本でも発表しようということになりました。ブルガリの時と同じ手法で今度は「ソニア リキエル」の中に小さなブースをつくって、広告も派手に打って。あとでお話しする「アナ スイ」が成功した後だったので、まいったな、またまた儲かってしまう。俺は天才だなんて思っていましたよ（笑）。

ところが、ものの見事にまったくの期待はずれだった。発売初日、新宿伊勢丹さんに意気揚々と行って、現場のみんなの顔を見たら元気がない。何個売れたか聞いたら、夕方四時までで二個。その場に倒れるかと思いました。正直、私自身もフェラガモのブランド力があれば、絶対に売れると信じていたんです。

それにフェラガモの人たち、プレゼンがうまかったんです（笑）。フェラガモの靴は年間日本でこれだけ売れている。その中の二割が香水を買うとしたら、売り上げはこうなる、なんて言うわけです。私もすっかりその気になってしまって、伊勢丹さんには大見得を切ってしまっている。結局一年も持たなかった。百貨店さんには平謝りです。

ブランド力だけで売れる時代ではないということを学んだきっかけは、実はこれなんです。もちろんブランドも大事だけど、商品力、接客力、売り出すタイミング、いろいろなことをしっかり考慮してやっていかないとダメなんだと学びました。つまり、原点回帰のきっかけになりました。いまではとてもいい経験だったと思っています。

ブルガリとはスキンケア商品も一緒につくったのですが、こちらもあまりうまくいかなかった。販売方針を巡ってもすれ違いが生まれて、結局契約を解除することになりました。でも、ブルガリとのモノづくりは本当に楽しかった。一緒に苦労した四国の協力会社さんに最近会う機会があったのですが、「社長はメチャクチャで、とにかく『やってくれ、やってくれ』の一点張りで強引に言うものだから。でもあの時は楽しかったですね」という話になりました。

「オシボリ」は私にとって、つくったことのないもの、世の中にない新しいものをつくることの楽しさ、それが売れた時の喜びの原点ですね。

「アナ スイ」で夢を達成する

小林章一は九九年にアルビオンの営業本部長に就任するのだが、その一年前、運命的なブランドを立ち上げることになる。中国系アメリカ人デザイナーのブランド、「アナ スイ」だ。

小林 「アナ スイ」と出会った動機は、実は少なからず「不純」だったのです。

やっぱり男性って、ニューヨークに憧れませんか？　映画なんか観ていると、ニューヨークをテーマにした作品がたくさんありますよね。

マイケル・J・フォックスが出ていた『摩天楼（ニューヨーク）はバラ色に』とか、ああいう映画を観たときに、バカみたいな話なんですけれど、「あ、ニューヨークってイケてるな」と思ったのです。それまで私はパリにどっぷり漬かって、イタリアのブランドと組んでいたものですから、今度はちょっと違うことをしてみたい、何よりニューヨークの土を踏みたい、一流のビジネスマンが泊まるようなホテルを定宿にしてみたい、なんて思ってしまったのです。いい加減で本当に申し訳ないです（笑）。

そんなことで、頻繁にニューヨークに行くようになりました。情報収集したり、いろいろなデザイナーに会ったりして、彼らのコレクションに目を通すようになったのです。

そのうちに一人、メチャクチャにカッ飛んでいるデザインをする人を見つけた。それがアナ・スイだったのです。世界観があまりにも独特なんですよ。

その頃、私の頭の中にもやもやと渦巻いていたイメージがありました。機能的でシンプルな美しさではなくて、こういう時代だから逆に、昔おばあちゃんの鏡台の中にあったような、懐かしい、でも新しいものがつくれたらいいなあという思いです。アナ・スイのデザインは、アメリカ人の好む無機質かつゴージャスという世界とは違って、レトロなのにかわいいところがあって、そのくせすごくアバンギャルドなところも併せ持っているという、本当に独特な世界観だった。

そこからは、またえんえんと手紙の書き通しです（笑）。十数回とコンタクトをとって、手紙を書き続けました。この根性には自分でも驚いています。すると案の定、十数回目に「一度いらっしゃい」と言われたわけです。最初二回ぐらいはアシスタントの女性の方が出てきて、こちらが一生懸命話した内容をアナ・スイに取り次いでもらいました。

そうしたら今度は向こうが「前向きに考えたい」と言ってきて、本人と会うことができました。彼女に「いままで、あるいはいまは市場にないような、『アナ スイ』らしい商品をつくってみたい。圧倒的にほかのメーカーブランドとは違うものをつくりたい」と口説きました。確か、「化粧品のコーナーを、まるで『アナ スイ』の部屋のようにつくってあげたい。できれば床を赤で塗りたいんだ」というようなことを言ったと思います。アナ・スイも「おもしろい」と言ってくれて、契約書を交わしました。

こうして商品開発をすすめ、九八年の八月に、新宿伊勢丹さんと梅田阪急さんで発売を開始したのです。

新宿伊勢丹さんとは当初、年間売り上げ目標一億二〇〇〇万円という話をしていました。梅田阪急さんは八〇〇〇万円でした。でもお互いに「絶対行かないよ、『アナ スイ』ブランド自体にまだ知名度もないし」なんて言っていたんです。

私はいまでも忘れません。発売開始当日、開店時間前に新宿伊勢丹さんのそばのドトールコーヒーに一人で入って、「たぶん売れないだろうな。それならそれで仕方ない、また頑張ろう」などと考えながら、開店時間を待ちました。

開店一〇分後、店内に入りました。そうしたら、「アナ スイ」のコーナーに、それこそダーッと、長蛇の列ができていた。一〇〇人くらいいらっしゃったと思います。普通、開店直後の百貨店に来るお客様なんてあまりいませんよね。なのに、お店側が用意してくれていたカゴに、お客様がまるでスーパーで野菜でも買うかのようにどんどん商品を入れていくんです。

しまいには売り場がグチャグチャになってしまった。お店の方が一生懸命入場制限してくれていたけれど、もう「アナ スイ」のコーナーは歩けない状態になっていて、その中でみんながボロボロになって仕事をしているわけです。

初日の営業が終わって、売り上げがいくらだったかというと、約七〇〇万円でした。これはワンブランド一日の売り上げの圧倒的な世界最高記録になった。

全員で涙しました。そして、「化粧品というビジネスは、本当におもしろい」と、心から思ったのです。アナ・スイ自身が持っている独特の世界観、世界中で彼女にしかできない感覚を化粧品に落とし込むことができたからこそ、それまでのファンの方々にも受け入れていただけたのだと思います。大成功でした。

ひとつだけ残念だったのは、初日でかなりの数の商品が品切れになってしまったことです。そこまで売れるなんて誰も思っていませんでした。一日五〇万〜六〇万円が目標だったわけですからね。その状態でも、その年の一二月は八〇〇〇万円以上の売り上げになりました。

その月、新宿伊勢丹さんにあるすべての化粧品ブランドの中で、売り上げが第二位になりました。「ソニア リキエル」で月三〇〇〇万円、四〇〇〇万円しか売ってこなかった人間が、突如として、「アナ スイ」で八五〇〇万円売ったわけです。

「人生で一度でも月二〇〇〇万、三〇〇〇〇万円売れる日が来たらいいな」と思って暮らしていた私でしたが、それがある日、「アナ スイ」で突如として月に八千何百万とかいう売り上げをつくってしまった。変な話、いきなりそこで夢が達成されてしまったわけです。このあと何を目標に頑張っていけばいいのか。しばらくは虚脱したような状態になってしまいました。


この成功が、やがてアルビオン本体を改革するための、返品引き取りの原資になったという。

ブランドの立ち上げは、ベンチャーだ

さまざまな国際ブランドと、「アルビオン」ブランドとの整合性はどう考えているのだろうか。

小林　整合性は、むしろないほうがいいのです。お客様から見れば、「アルビオン」の商品と、「アナ スイ」はまったく違うものですから。

「アルビオン」は、基本的にはスキンケアとファンデーションといったベーシックな商品が中心です。口紅やネイルといったポイントメイクもありますが、「アルビオン」ブランドとして表現できない世界が出てきます。スキンケアでつくり上げてきたイメージがありますから、突拍子もないアバンギャルドな色を出すことは、どうしてもやりにくい。特定のファッションの世界を構築するのが難しいのです。

だからこそ「アルビオン」はこれからも高級スキンケアと高級ファンデーションを中心に、しっかりやっていく。一方、海外ブランドで「アルビオン」では表現できない世界観を形にしていきます。

たとえば「アナ スイ」のように、昔おばあちゃんの鏡台に置いてあったような、アバンギャルドなんだけどちょっとかわいらしくてキッチュな、独特の世界観を持ったブランドがあり、片側で「ポール&ジョー」という、同じメイクでもかわいらしくて繊細なコンセプトを持つフレンチテイストのブランドがある。「ソニア リキエル」にも独自の個性がある。「アルビオン」ブランドでは表現しにくいこうした世界観をどんどん伸ばしていって、結果としてグループの売り上げが上がっていけばいいという発想です。

つまり、補完的な関係になるということなのだろうか。

小林　そうです。いま、アルビオンが「アナ スイ」を手がけているとは積極的にアピールしていません。お客様がこの話を聞くと、大概びっくりされますよ。「アナ スイ」は、いわばあまりにも「アナ スイ」らしい世界を表現していますから、どの商品を見ても、まったくアルビオンっぽくないわけです。だから、「えっ、あれもアルビオンがやっているんですか？」と言われたら、私としてはしめたものなのです。つまり一切そこにアルビオンらしさがないわけですから。ただ「アナ スイ」の化粧品がいいものだと思っていただければそれでいいのです。

「アナ スイ」と「ソニア リキエル」でもまったく違う個性があります。それぞれのブランドの個性に合わせて展開していけばいいわけで、社内で整合性を取る必要はないのです。そのほうが、いままでのアルビオンになかった個性が出せます。

銀座で言えば、三越さんに「アルビオン」や「アナ スイ」のコーナーがあって、プランタンさんには「エレガンス」や「ポール&ジョー」があるわけです。絶対に同じグループでやっているようには思えないはずです。雰囲気、世界観がまったく違いますから。

身振り手振りを交えて語り続ける小林章一の姿を見ながら、私は少し別の角度からこれらのストーリーを一本化してみた。

ひとつのブランド事業を興すということは、まさにベンチャーだったのだ。ゼロから商品を企画し、製造し、売っていく。デザインから販売に至るまで、すべて自分たちで行う。

父・英夫が夢見た「ソニア リキエル」も、小林が夢中になって手がけた「アナ スイ」も、まさに社内ベンチャーなのだ。

私が見てきた二代目、三代目経営者が往々にして落ちる罠は、偉大な父に遠慮しながらも父を超えようと焦るあまり、不得意な分野への多角化を図ってしまうことだ。父を超えることそのものが目的化してしまう。そして、大概は失敗に終わる。

小林章一が成功した理由は、本業でイノベーションを行っているからだ。しがらみや既成概念、過去の成功にとりつかれている人々を説得するのは、並大抵のことではない。そこを、新しいブランドの立ち上げという方法で突破している。

小林　当然社内の人間が私を見る目も変わっていきますよね。「アナ スイ」では、自分たちが経験したことのない金額を売り上げたわけですから。
海外のデザイナーと提携し、提案や商品開発、生産、販売まで垂直的にアルビオンが手がける。海外へもアルビオンからメイド・イン・ジャパンとして輸出していく。こんなことをやった日本の化粧品会社はありません。

その前には、「エクサージュ」のデビューがあり、「ブルガリ」とのコラボレーションがあった。いずれも社内で小林章一を見る目が変わったのだ。

小林章一のブランドづくりは、ただそれだけの意味なのではない。長い社歴を持つ会社でベンチャーの志を抱くこと。モノをつくることの楽しさ。苦労して成功する喜び。メーカーがビジネスをしていく上での根源的なストーリーを、リアルタイムで、父や社員たちの目の前で創り出していったのだ。

第四章
人間経営学

人を動かすコツは何か

小林　会社は、貢献する社員にどんどんお金を使わなければいけないと思います。それは勉強会でも、食事会でも、視察旅行でもいい。会社が費用の全額、あるいは一部を負担し、社員の日頃の功労に報いる。そうすれば社員はプライドを持つことができ、会社へのロイヤルティも高まり、結果的にチームワーク力の高揚に繋がっていきます。

アルビオンは毎年、各支店で選ばれた「最優秀美容部員」を全員、東京の最高級レストランに招待しています。そこで、みんな一緒に、おいしい料理を召し上がっていただく。すると、慰労会の副次的な効果が現れてくるのです。

おいしい料理をご馳走になった、楽しかった——。慰労会ですから、本当はその感想だけで構わないのです。ところが、ほとんどの美容部員はそれだけにとどまりません。接客時の話題として必ず取り上げる。「おかげさまで東京のこういうレストランに連れて行ってもらいました、とてもおいしかったのです」と言う。お客様も、高級品をご購入される方ですから、ご存じの方が多い。「そうでしょう、あそこはおいしいのよね」という話になる。お客様と共通の話題も生まれることで親近感をいだかれ、接客しやすくなります。この効果は大きいですよ。

もうひとつは、お客様に、アルビオンが社員を大事にする会社であること、また社員に最高級の文化に触れさせようとする会社であることなど、会社の経営姿勢を知っていただく機会となることです。私はかねてから、お客様に、アルビオンは宣伝もしないけれど、そういうことを地道にやる会社なんだと知っていただきたいと思っていました。

では、取引先や、口説き落としたい人に入り込むコツはあるのだろうか。

小林　基本は、真剣にその人と関係を築きたいという気持ちを持って何度も何度もアプローチすることです。本気であることが相手に通じれば、反応は変わってきます。

揉めた人との関係は、その後たいてい強くなりますよね。

お互い真剣に交渉して、その結果揉めたり、紛糾したり、最悪の場合喧嘩することもあります。ところがそういう人とは、不思議と、すんなり関係を構築できた人以上の信頼関係が生まれるんです。

百貨店さんの改装で、「出ていけ」「出ていかない」なんていう交渉の場合などは、こちらも向こうも真剣勝負です。お互いあらゆる手を尽くす。そんな中でふっと落としどころが見つかった後は、もうお互い笑顔ですよ。まるで戦友のような。

社員に対しても、お取引先に対してでも同じなのですが、ポイントは真剣であるかどうかだと思うんです。「ソニア リキエル」では苦労の連続で、それこそ出ていけという要求をいかに撥ね返すかということが、当時の緊急の課題でした。このままでは「ソニア リキエル」自体がダメになってしまうかもしれない。ソニア側からも「なぜ売れないんだ、アルビオンというのはパートナーとしてはダメな会社なのではないか」と突き上げられていましたし、四面楚歌でした。

当時は、もしこの事業から撤退する場合、私も本気でアルビオンを辞めようかと思っていました。私はすでにアルビオンの取締役になっていましたから、仮にすべての百貨店さんから締め出され、「ソニア リキエル」から撤退したところで、恐らく会社には残れたはずです。

でも、「ソニア リキエル」の社員をみんなクビにしておいて、私だけがアルビオンの社長の息子だからという理由で会社に残れるなんて、そんな話はありえない。だから、うまくいかなければ辞める覚悟で、仕事に当たっていました。

意識改革という観点では、社員に対してどういうことを求めているのだろうか。

小林 職場は一将の影といわれます。

社員に意識改革を求めること自体が間違っていると思います。問題は社長自身がどう変われるかだけです。会社のメンバーは社長の私を見ていますから、私が自己否定し、変わっていけば、社員の意識は自然と変わります。

社長がサボればみんなサボります。社長が一生懸命自己否定して努力をしている姿を見せれば、きっとみんなも感じてくれます。全員ではないかもしれないけど、感じる人が出てくればそれでそれは改革です。いくら言葉で発したところで通じません。

リスクはすべて経営者が引き受けなければいけない。だから高い給料をもらうんです。そうでなければ、経営者が高い給料をもらってはいけない。

私の部屋はガラス張りなんです。社長が何をしているか、外からまる見えなんです。ああ、いま社長決裁しているな、とかガラス越しにわかる。みんなからは「金魚鉢」と呼ばれているらしいんですけれど（笑）、在室中は「金魚鉢に金魚がいる」とか言っているらしい。「気がついたら俺も金魚になっちゃった」と思うんですけど、まあそれで何かを感じてもらえればいいかなと思います。

商品を売る前に人を売り込む

小林は、二〇一六年までに年間売り上げで一億円規模の化粧品専門店を一〇〇店つくることを目標にしているという。

小林　高級品で商売をするということは、これからも専門店様と百貨店様中心に売るしかありません。スーパーマーケットや家電量販店、ドラッグストアチェーン店などで高級品ではない商品と一緒に棚に並べて販売するわけにはまいりません。専門店様と百貨店様のための営業活動が基本となります。そこにあるのは人対人です。「高級品商売は人で成り立っている」と私が訴えるのは、そういう意味からなのです。

アルビオンの営業はまず、人を売ることから始まります。商品を売る前に人を売り込む。専門店様が年商一億円以上の商売になるようにしたい。それを他の業界の方が見て、化粧品の商売ってすごい、私もあの業界に入ってみたい。化粧品専門店という業界が、他の業種から見てそんなふうに憧れられるようにしたいですね。

そのために、社内会議のシステムを変えました。地域ごとに営業メンバー全員を集めて、徹底的に集合教育をやることにしています。その場で私が強く訴えていることは、人間として、アルビオンの一員としてこうあってほしいということです。どういう仕事の進め方をしてほしいか、アルビオンのメンバーとして、何をいちばん大事にしてほしいかということを徹底的に時間を取って語るんです。

それはひと言で言えば感動ということなのか。

小林　営業メンバーは、お店様からこの人のためなら頑張ろうと思っていただけるような人間になる努力をしなければいけません。その基本は感謝の気持ちです。それを行動で示すには具体的にどうすればいいのか。

まず、人間的にお互い信頼できる関係をつくることに心を砕く。お店様側から人間的に信頼されるために、どう動くのか。まずそこを徹底的にやります。技術論はその後です。信頼関係を築いて初めて、今度はどういうふうに商品を伝えるかを考える。難しい数字をいっぱい並べて、今度はこれだけ仕入れましょうなんていう話では伝わりません。

よく全社一丸と言われますけれど、私たちはお取引先も含めて一丸になっていかなければいけない。営業がお店様に通り一遍の商品説明で済ませ、「これきれいでしょう」「はあ、そうですね」で終わってしまっては、お店様もお客様に、「これって素晴らしいんです！」と力を込めて語ってくれたりはしませんから。

最終的には商品を買ってくださるお客様も、結局は人を買ってくださっているのです。たとえば、「カルティエ」の指輪を頻繁に買う方というのは、カルティエのこの店のこの人から買っているという心理的要素に大きく影響されていると思います。高級品の売り手と買い手はそういう信頼・親密・友好関係でなければいけないと思います。

お店様もアルビオンの社員を買っていただいていると思うんです。そこまで関係を昇華させていけるかという挑戦です。

高級品が売れない理由は何なのか。

小林　それは、人を売り込んでいないからです。人を売り込んだら商品は絶対売れます。これは断言できる。そのためには自分自身を社会人として、人間として高めなければいけない。

これは永遠の課題です。レベルアップをひたすら続けなければいけない。何をすれば百点満点なんていう基準はない。理想の形に向けて一歩一歩近づける。その繰り返し。

私は社長ですから、まず自らが実践するしかない。自分でやってみせて、こんなすごい商品ができたぞ、なんて社内で熱く語ることが結果を生み出すと信じています。

実は先日、ある地方都市の専門店経営者の方がふらっと、ここ（本社）へいらっしゃったんです。「遊びに来たんだよ」って、何のアポもなしにですよ。「社長、事前に言ってくださいよ、悪いけれどこれから取材なんです」と言ったら、「いいんだよ。せっかく東京に来たからさ、章ちゃんの顔を見てから帰ろうと思って」という話なんです。他メーカーのセミナーで上京されたついでにお寄りになったわけですが、私のことを思い出してふらっと寄ってくださる。ただ一五分、二〇分話して、「会えてよかったよ。今度のゴルフ楽しみにしているよ」とおっしゃりながらニコニコして帰っていかれました。こういう関係って、いいと思いませんか？

どんな人材を育てるのか

企業は人だとよくいわれる。小林は人材教育にはどんな考え方を持っているのか。

小林　人を評価する最大のポイントは、人柄と人間性です。基本的な評価基準はそこしかないと思います。

最近、思うのは、人材教育、人づくりは、結局トップが率先垂範してやるしかないということです。人づくりはみんなに任せる、それでは人は育ちません。トップ自らが、現場や社員のいるところへ足を運び、対話をし、社員を壁際に、崖っぷちに追い込む。理解力、消化力、そして提案力を高めるには、経営者自らがみんなを巻き込んでいくしかないと思います。

第一回の事業仕分けで、蓮舫は「なぜ、二番じゃダメなんですか？」と発言してマスコミや世間から叩かれた。実は私も眉をひそめていた一人だったのだが、よく考えてみると日本のマスコミも狭量な考えに支配されているものだ。

関心事が、「強弱」よりも、「幸福度」にある人からすれば、蓮舫の質問は何らおかしくはない。女性というのは元来男性と違い、順位とか、強弱には関心が薄く、それよりも幸せということを最重視する傾向が強いのではないか。蓮舫も、日本がスーパーコンピューターで一位になろうが、二位になろうが、日本人の幸せには関係がないと思っているからこそ、「二番でどこが悪いの？」という質問に至ったのだろう。

蓮舫は、これまでの政治家と違った価値観からの質問を発したのだと、評価する声が上がっても不思議ではない。だが、そんな論評を発表したマスコミはほとんどなかった。

小林が、業界で一位、二位になることには興味がないのは、もしかしたらそんな女性の心をつかみ、女性的な発想をしっかり把握しているからなのかもしれない。そう指摘すると、小林はニコっとした。

小林　そうそう。そうなんですよ。一人でも多くの女性が元気になる、明るい気分になる、勇気づけられる。それだけを目指しているんです。

そのためには、資生堂やカネボウ、外資系メーカーとの違いを、もっと徹底的に差別化して売り出す必要があるのではないか。

小林　化粧品に限らず、高級品のビジネスというのは、社員が自社の商品に誇りを持っているかどうかがいちばんのポイントだと思います。

美しい店内で、アルビオンの商品がきれいに並んでいる。その商品に誇りを持って一生懸命お客様にお薦めして、お客様から「ありがとう」って言っていただけたとします。すごく嬉しいですよね。でも街中に行ったら同じブランドの商品が雑然とした店のザルに入っていて、他社の商品と一緒くたに二〇〇円、三〇〇円で置かれていたら、やはり誇りは持てない。自分の仕事に対してプライドを持てるのか、自信を持てるのか。高級品の最大のテーマはそこだと思っています。そうでなければモチベーションなんて上がらないですよね。

あるBAさんが、タバコをやめたそうです。それはお客様との接点において、喜んでいただくためにはどうすればいいかを、彼女なりに真剣に考えたひとつの結果だと思うんです。自分がその会社に夢を見ていなければ、お客様は決してこちらを向かない。うちの会社は社長もいい加減、社員も適当にやっているから、まあ目標を超えれば、あとは何やっていてもいいという思いで仕事をしていたら、絶対にうまくいきません。お客様にきれいになっていただきたい、このお客様に喜んでいただきたいという思いが大切だって思うんです。

総理が視察に来た銀座の保育所

アルビオンは、銀座に社員用の事業所内保育所「Kuukids（クーキッズ）」をオープンした。子どもを預けたい社員は、保育所の近くの店舗に異動を申し出ることも可能なのだという。また、アルビオン社員だけでなく、近隣の契約企業との共同利用が可能で、銀座で働く女性や、長年本社を置いてきた銀座という地域への貢献の意味もある。

先進的な取り組みが話題を呼び、各マスコミで取り上げられたほか、二〇一〇年七月には、菅直人総理大臣も視察に訪れている。

小林　これは現場からの声で生まれたんです。結局化粧品業界は、売る側も買っていただく側も女性が主役なのであって、いかに女性がやり甲斐、生き甲斐を持って仕事をしていただけるかにかかっている。われわれは現場で頑張ってくださっている女性の意見をいかに吸い上げられるか、本当に女性の方々が働きやすい環境をしっかりつくっていけるかが勝負なんです。

子どもを産んだ後も働きたいという女性がたくさんいる。でも保育所に入れない、土日に預かってくれる保育所がないなどの理由で、結局仕事を辞めなければいけなかったりするんです。

会社としても、特に優秀な美容部員を失うことは大きなロスです。できる方ほど、その人に惹かれて売り場まで来てくださるお客様が多いわけですし、お客様にとっても、ぜひ彼女たちに仕事を続けてもらいたいと思われるはずです。だいいち、辞めたいわけではないのに辞めなければならないなんて、本当に惜しい話です。

それならば、閉店までしっかり他のメンバーと一緒に働けるような保育所をアルビオンでつくってしまおうという話になりました。土日も、夜遅くでも子どもを預かってくれる事業所内託児所です。二〇〇九年の春にオープンしました。いまは十数名のお子さんを預かっています。

ただし、アルビオンは相応の負担をしている。「Kuukids」は認可外扱いで、国費が投入されているわけではない。数千万円単位の運営費がかかっているはずだ。

小林　経費はそれなりにかかりますよ。東京都からいくらか補助金を頂いていますけれど、それでも持ち出し部分は大きいです。

私も別に保育所のことを喧伝するつもりはないし、派手にやるつもりもありません。できる範囲で、会社の体力の中でやることが必要でしょうね。

これは経営方針ともリンクしているんです。優秀な人材に母親となった後もどんどん頑張って仕事をしてほしいと思うかどうか。もちろん新陳代謝させたほうがいいという考えをお持ちの方もいらっしゃるでしょうけれども。経営者は決まって「女性を大切にしたい」と言います、幹部に、あるいは役員になってほしいと。一方で、女性がビジネスパーソンとして脂の乗りかかった二〇代後半〜三〇代半ばを出産、育児に追われる現実を知りながら、少ない負担を前にすると尻込みしてしまうものです。簡単ですよね。本当に「女性を大切にしたい」と思うのならやればいい、ただそれだけの話なんですよ。

マインドシェアでナンバーワンになれ

小林は、アルビオンの営業活動は売り上げよりも足を運んだ回数、「こんにちは」と言って店をくぐる回数こそが重要なのだと強調する。

小林　まず、会う回数が多くなれば情も移ります。信頼関係は回数と比例しますよ。一度で信頼関係ができるほど人間関係は甘くありませんから。

実は、アルビオンとお取引いただいている専門店様の中で、いま五割くらいのお店様でアルビオンが売り上げシェアナンバーワンになったんです。これは嬉しいですよ。

それでも私はみんなに、本当に嬉しいのは、お店様にとってみんながマインドシェアでナンバーワンになることだ、と言っているんです。売り上げシェアナンバーワンももちろん嬉しい。でもそれは結果論で、目的になってはいけない。

営業担当は、お店様にとって、あるいはお客様にとってもそうですが、やっぱり一番はアルビオンの○○さんだよな、あいつ最高だよ、って言ってもらえなければ、結局商品もマーケティングもないんです。決して売り上げではない。そこに存在しているのは人間対人間なんですよ。

売り上げで大手メーカーさんに負けたとしても、マインドシェアでは絶対に負けるなと言っています。突き詰めて言えば、アルビオンの○○さんでなくても構いません。やっぱり○○さんだよね、断然小林章一くんだよねって言ってもらう。「そういえば小林くんってどこの人だったっけ？　ああアルビオンだったね」というように、会社としてのお付き合いでなくても全然構わないんです。

化粧品会社にとって、営業、特に男性の「営業マン」は、スターになれる存在とは考えづらい。

小林　一九九八年くらいには、三四○○店以上とお取引がありました。その中で美容部員の入っているところは数百店程度しかありません。入ってないお店様のほうが圧倒的に多いわけです。

そういうお店様に対しては、営業メンバーがとても重要になります。商品を説明するのも、企画を説明するのも、やる気を起こさせるのも営業の仕事です。お店様を奮い立たせ、勇気と元気を与えて、お店様を引っ張っていく。私はそうなってほしいんです。

思うだけではどうにもなりませんから、私自身が熱く直接語りかけて考え方を伝え、一緒に動くことで絶対変えていけると思いました。

まず最初に問いかけたのは、「私たち営業って何だろう」ということ、つまり「営業って何のために存在しているんだろう」ということです。もっと言ってしまうと「俺たち本当に必要なの?」ということです。

販売はお店の方々やBAだけがするのなら営業は不必要かもしれない。でもわれわれは営業としてここにいる。それはなぜなのか。

そこで一人ひとりにこんな話をしました。

「担当しているお店様で売り上げが月に二〇万円しかいかないところがあるよね」

「あります」

「もし、そういうお店様があなたの力によって売り上げが月二〇〇万、三〇〇万になったとしよう」

「はい」

「そうしたら、お店のご経営者は、いったい誰に感謝するかな?」

という感じで、話を進めていくわけです。

「もしあなたがその局面を変えて、元気を与えて勇気を与えて、あなたの力であなたがリードして、月二〇万円のお店様をお客様づくりを通じて月三〇〇万円にした。その時にお店様は誰に感謝するかというと、会社に感謝するんじゃない。あなた個人に感謝するんだよ。あなたの先輩、たとえば営業部長になっている人間というのは、そういうお店様を育成してきている。〇〇さんにはお世話になって……とよくおっしゃっているようなお店様を担当しているよね?」

「そうなんですよ」

「あなたもそういうお店様を育てたら、アルビオンではなくてあなた個人に対して感謝するようになるんだよ。ということは、あなたが定年退職した後もきっと人間的なお付き合いは続くと思う」

アルビオンの営業の素晴らしさ、「人を売る」というのは、そういうことです。いまの時代では少なくなった、人と人とのふれあいやつながり。「セールス」というとバカにされるかもしれないけれど、人と人とのお互いのドラマや感動があって、誰にもつくれないような信頼関係がある。この醍醐味がわかって、自分を売る仕事をしてくれるメンバーが増えればいいと思うのです。

定年を迎える時に、「波風立たず、大過なく過ごさせていただいて……」なんてくだらないことは絶対に言ってほしくないんです。絶対に。そんなつまらない人間にだけはなってほしくない。

仕事は、人生の大半を占めるとても大事な時間です。私は社員の大事な時間を預かっている責任がある立場にいます。だからこそ、波風が立たなかったことが、大過なく過ごしたことが幸せだなんて、絶対に言わないでほしい。「私はこんな失敗もしました。こういうヘマもやらかしました。でも、こんな成功もしました。いままでは、社長には申し訳ないけれど、会社なんか関係なく一人の人間として、完全に家族以上の付き合いになってしまっています」と、胸を張って言ってほしいんです。

定年退職した後でも、お店様から個人的に呼ばれている営業がいまでも大勢いますよ。それこそがお店様にとってのマインドシェアなんです。

そもそもたった一度きりの人生、ぼんやり過ごしていたら六〇歳なんてあっという間ですよ。まだ六〇になっていない私が言うのは本当に生意気な物言いですけど、六〇になったり、病気で倒れたりしたときに「ああ、もっと一生懸命生きてればよかったな」なんて思っても遅いんです。

会社で課長まで行った、部長まで昇進した、役員まで上り詰めた、もちろんそれも嬉しいですよ。年収いくらまで行った、家も建てた。それも大事です。でも結局人間、最期死ぬ時は目二つ鼻ひとつ口ひとつ、そこは課長も社長も変わりはしないわけです。

定年の時に、いまのうちの店があるのはあなたのおかげなんだ、あなたがいたからいまのうちがある、いつでもうちに寄って飯食べていってよと言っていただけたら、定年の時に肩書がどうだなんていう前に、感動すると思うんです。そういう人生を歩んでほしいなと思います。そのお店様の売り上げが年間一億円規模になったのならなおさらいいですけれど、当初苦しかったご経営者が、売れてない時代から一緒に苦労してスタートダッシュを図れた営業って、絶対に忘れませんよ。


ということは、営業メンバーの評価は売上額だけでは測れないはずだ。どこを見ているのだろうか。


小林　売り上げが大きなお店様、中くらいのお店様、小さなお店様がありますよね。この中で、売り上げが大きなお店様とうまくやっていくことは、ある意味当たり前なんですよ。

本当に大事なことは、まだあまり大きくないお店様、小さなお店様とどういう関係をつくって、将来大きくなる芽を育てていくかというところです。そこが営業で最も大事なところだと考えていますし、私はその点を積極的に評価します。

もちろん売上額も評価します。ただ中長期で誰を管理職に上げていくか、会社の中核に入れるかをどう判断しているかと言われれば、目の前の仕事も大事ですけれど、同時に一年、二年かけてどうやって将来に向けての芽を育ててきたかを参考にします。同じところにだいたい三、四年いるわけですから、次回の異動・転勤のときにはまずそこを見るわけです。

大きいお店様だけ担当していれば数字は出るわけです。売り上げだけで判断すると、小さなお店様にいくら力を注いでも、手間隙ばかりかかって、あまり売り上げには寄与しませんよね。いま七〇万円のお店様が二割伸びても金額ベースでは一四万円しか増えない。一方で八〇〇万円売っているお店様で二%伸ばせば、一六万円伸ばしたことになる。

となると、みんな大型店ばかりに力を入れてしまう。私が中長期的な参考として見ているのは、お店様の伸び率です。たとえいまの売り上げ、いまの自分の評価につながらなくても、会社の一〇年後を考えてトライしている社員も評価します。

納品で終わりではない

話を聞くにつけ、営業という仕事の持つ意味に、常に思いを巡らせているという印象を受ける。それは、化粧品業界、他業界にも通じる普遍性があるように思えてならない。単刀直入に、小林に営業担当者のミッションについて尋ねてみた。

小林　いま一〇〇万円売っていただいているお店様は一〇〇万円のお店様。二〇万円のお店様は二〇万円。そう思い込んでいる営業はダメですね。それならいっちょう自分が局面を変えてやろう、自分がこのお店様の価値をもっと光り輝かせてみようという思いや情熱がないと。

そうでなければ、片方で嫌な思いをしてお店様との取引を見直している意味がありません。そういうお店様は「アルビオンが嫌いだ」とか、「アルビオンに将来性なんかない」「アルビオンなんかに期待していない」というところですから。ということは、残っていただいたお店様は全店輝かせたいですよ。

化粧品の売り上げというものは、無限大なんです。

すべての女性はきれいになりたいと思っている。だから市場は無限大なんですよ。きれいになって怒る女性は一人もいないと思います。それならば、一人ひとりきれいにして差し上げればいい。それだけの話なんです。

あるお店様で、資生堂さん、カネボウさん、コーセーさん、アルビオンすべて足して一二〇〇万円売っているとします。するとおもしろいもので、そのお店様のご経営者は、たいがい一二〇〇万円が限界だと感じてしまっている。

私はそういう時、ご経営者に「違いますよ。一二〇〇万円を二〇〇〇万円にしようという意識がどうして出ないんですか」とお話しさせていただくんです。無理をして数字をつくろうという話をしているのではなくて、お客様にもっと喜んでもらえれば、自動的に売り上げは伸びるんです。

いままでと同じ程度の喜びしか提供できないから、一二〇〇万円はいつまでたっても一二〇〇万円のままなのです。そして、お約束のジリ貧、縮小均衡になってしまう。どうして二〇〇〇万円にしようと思わないのか。そう問うと、営業メンバーは「なぜできないのか」の説明から入ってしまう。私に言わせれば言い訳なんですよ。

営業担当者は「きれいにする」という行為には直接手を下せない。最終消費者の喜びに接することのない営業担当者は、どうやって達成感を感じているのか。

小林　営業が味わう達成感というのは、お店様の心に火をつけて、お店様の活動が充実して結果が出ることです。

私は、よく営業担当者の集まりなどで「他メーカーさんの営業は納品までが仕事です。アルビオンの営業は販売までが仕事です」といいます。そして、お客様づくりを通してお店様にたくさんの利益を取っていただきたい。

お店様の利益というのは、側面が二つあります。ひとつはお取引の条件。掛け率やリベート。もうひとつは、お店様の在庫回転率です。アルビオンは在庫回転数まで見る努力をします。販売まで面倒見るというのはそういうことなんです。

商品を仕入れたら、売りにくくて在庫になってしまう商品がどうしても出てきます。それを、長くても一ヵ月強で販売できるように最大限努力しようということです。お店様には一生懸命お客様に紹介していただいて、それでも売れない商品はしっかり二～三ヵ月で引き上げる。ということは、年間最低でも四～六回転することになります。そうすれば利益は出ますよ。なぜなら最長二～三ヵ月でもっと動いている商品に切り替えられるわけですから。そこまで営業担当にフォローさせるわけです。

こうしたことの意味を、何割のメンバーが理解してくれているかはわかりません。でも最近は、少しずつ浸透し始めているんじゃないかなと感じています。

アルビオンのメンバーが火をつけて頑張ってくれているお店様もあるけれど、お店様自身が自助努力や工夫をされて驚くほど伸ばされているところもたくさんあるわけです。失礼だけど「この立地でどうしてこんなに売れるんだろう」と思うお店様がある。ロードサイドのお店で一億円以上売るお店様もあるわけです。それで見に行くと、やっぱり感動するんですよ。もちろんアルビオンの製品をたくさん売ってくださることへの感謝の気持ちでいっぱいなんですけれど、それ以上に私は、お店づくり、お手入れ、従業員さん、すべてに感動できる。

だからこそ、私たちはそういうお店様を見て、自分が担当しているお店様がそういう風に成功されたら、営業冥利に尽きるだろうし、それはとても楽しい仕事だと思うんです。

チャレンジ目標を持たせる

アルビオンの営業担当者には「チャレンジ目標」なるものが設定されている。売り上げ予算の編成に苦しむあまり、実現可能性の薄い案件を計上するときに使われそうな名称だが、実際はどうなのか。

小林　営業担当個々の最低限の目標は私がつくります。それ以上ならいくらでも構わないから、「自分でここまでやりたいという目標をつくって下さい、そしてそれに挑戦しなさい」と言っています。そして「全員チャレンジ目標達成」を営業全体、会社全体のテーマにしています。

それを始めたのは、支店長会議に出席していた人数を数えていたことがきっかけなんです。営業部長を入れて総勢三〇人。私を入れて三一人。では現場の営業担当者は何人いるかというと、一二〇人です。ちょっと待て、と思いました。三一人対一二〇人ということは、私たちの、管理職の仕事っていったい何だろう。何ができるんだろうと。

一生懸命やっているけれどどうしても結果の出ない営業全員に、達成する喜びや充実感を味わわせてあげるのが、われわれ管理職の役目なのではないか。それができないのなら、われわれの存在価値なんてないのではないか。

メンバーの中には、結果を出せる営業、どうしても結果を出せない営業がいます。結果を出せる営業は放っておいてもいいんです。野球でもイチローならきっとどのチームに入っても成功するでしょう。だけど、一生懸命やっているのに、どうしても結果が出ない人がいる。私たちはそういったメンバーを羽交い締めにしてでも結果を出させてあげて達成する喜びを教えてあげなければいけない。

具体的には、どのような設定になるのだろうか。

小林　まず経営側としての最低限の目標、たとえば前年比一〇二%とか一〇五%とかいう全体の目標があります。それが各営業担当の目標に細分化されていくわけですが、まず全員そこまでは行ってもらう。その上で、言われた目標の上であればいくらでも構わないので、自分自身で目標の三%増でも四%増でも、各々でつくる。自分でつくったら、達成のための方策は自分で考える、ということです。

営業担当一人ひとりに、経営者のマインドを持てということなのだろうか。

小林　その通りですね。それまでは、私が勝手に言うだけだったわけです。一〇三・五％が目標だと私が言って、根拠を聞かれてもそんなものないわけです。目標なんて矛盾でいいんだ、根拠なんかあるわけないだろうなんて言って終わり。

通達された人は、社長がそう言ったんだから頑張ってやりましょうみたいな、考え方になりがちなんです（笑）。でもよく考えたらこれは違うと思ったのです。最低目標は私が言うけれど、それ以上は自分で考えなさいということです。そしてとにかく管理職は、全員に達成感を味わわせよう、その過程はどんなに苦しくても、どんなに怒ってもいい。どんなにきついことを言っても構わない。でも達成したらきっと嬉しいはずです。

ずっと前のことだが、ホンダ社長の吉野《よしの》浩行《ひろゆき》が私にポツリと言った。

「ベトナムではホンダのオートバイが日常生活を支えている。母親が前と後ろに二人の子どもと、背中に荷物を背負って走っている姿を見ると、ああホンダも社会のお役に立っているんだなとつくづく感じますね。そこで、僕は現地へ行く社員には、通りに出てホンダの役割をしっかり目に焼きつけておけと言っているんです。やはり、世のため人のためみたいな事業ビジョンがないと、単なる収益追求だけでは働く人も達成感が得られない。お金軸だけで事業をするというのは本当に正解なのかな、という感じがしてしょうがない」
　経営者が社員に、達成感、感動する機会を与えるというのは、とても重要なのだ。しかし、会社のサイズが大きくなればなるほど、目が行き届かなくなってしまう。

小林　おもしろい話ですね。社員が感動しなければお客様は感動しません。そこが原点だと思います。メンバーが感動できるような機会を経営者や管理職がどんどんつくらないといけない。

　アルビオンの目的はどこまで行っても感動であり、人間らしさ、もっと言えば「人間愛」なのかもしれない。

小林　そうなんです。いま「人間愛」とおっしゃいましたが、おもしろいもので、私は口ではガミガミ怒鳴ったりもするんですけれど、結果を出してくれる社員も、結果を出せずに悩んでいる社員も、同じようにみんな大好きなんです。彼らには「真剣にやっている人間は悩むし、苦しむ。でもそれは成長への第一歩だ」と言うんです。悩む、苦しむということは、イコール自分がいままさに成長している証拠なんだから、心から歓迎してほしい。悩みや苦しみから逃げないでほしい。

だから、結果がなかなか出せなかったメンバーが、一生懸命やって最後に達成すると、本当に嬉しい。毎年毎年、きっちり結果を出すメンバーは本当にありがたいし、立派だと思うけれど、それこそ一〇年間苦しんでいたような人間が初めて何かを成し遂げるなんて、本当に感動ものなんですよ。私も苦労をしてきましたから、よくわかるんです。

私は決して、肩書が上のメンバーにより愛情があって、下のメンバーにはないということは一切ないんです。むしろ上には辛く当たって、下には優しく接するというほうが近い。

最後は、何が正義なのか、何を正義ととるかだけなんです。

思考の上で行動せよ

小林　最近、営業担当者を前にした会議などでは、営業には二つの仕事があるという話をしています。

まずは、お店様と信頼関係をつくること。私がただ言っただけでは何も変わりませんから、その場で営業一人ひとりに「では信頼関係をつくるためにはどうしますか?」と聞きます。「感謝します」なんて答えが返ってきたら、「確かにそうですね。では、感謝の気持ちはどうやって具体的に示すんですか?」と突っ込んで、何かひとつ言ってもらいます。でも言葉で表す以外にはなかなか出てこないんですね。

そこで、私なりに考えた方法をいくつか挙げます。「お店様から商品代の入金があったら、すぐ電話するなり行くなりして、『ありがとうございました』ってひと言言っていますか？　そういう人は手を挙げて」、あまり挙がらない。「たとえばお店様に行ったとき、ちょっと汚れていたらパッと掃除する人、手を挙げて」、これもあまりいない。

いくつか私が考えるケースを具体的に言って、その後で「そういう行動をすることが必要なのだけれど、私がいま言ったようなことをそのままやるのがみんなのテーマではありません。自分たちで、私がいま言ったこと以上のことを考えて動いてください」と話しています。

次回の会議でもしっかりフォローします。「では、その後具体的に行動していますか」と聞くと、みんな手を挙げる。そこで、「ではそうやってみんなが具体的な行動で感謝の気持ちを示したことによって、お店様の方々、奥様や従業員の皆さんの行動が変わってきましたか？　変わったと思う人」、今度は誰も手を挙げない（笑）。「ということは、まだまだなんですよ。もっと工夫が必要で、もっともっと一生懸命感謝しなきゃいけないということですよね。頑張りましょう」という話をしています。

もうひとつの営業の仕事とは、お店様にいかに接客していただくかという問題です。お店様の最終的なお仕事は接客ですが、営業はいくらお店に足を運んでも、接客はできません。となれば、やることはひとつしかない。外から新しいお客様を連れてくることです。これは喜んでいただけますよ。どんなお店様だって、新しいお客様を営業が外から連れてきて嫌なところなんて一店様もありません。だったら、みんなで何がなんでも新しいお客様を連れてこようよという話です。

ここでビラ配りのことを思い出されると思うんですが、そのことだけを言っているわけではないのです。何をやってもいいんです。極端な話、腕をつかんででも連れてくる、そのぐらいの気迫で行けということです。

私は新しいお客様に来ていただくためのいい方法がビラ配りだと思ったから、私自身が先頭に立ってやっているだけで、そんなの効果ない、意味ないと思ってくれても構わない。ただ、やる前から効果がないと思うことはいただけない。実際にやってみて効果がないと思うのなら、自分たちの頭でそれよりもいい方法を考えてほしい。そういうことなのです。

小林は、二つの点で面白味がある。

まず、言うだけではなくやってみせること。そして、それが必ずしも正解とは限らないと正直に宣言していることだ。自分の頭で、自分の感性で、その時にできるベストの方法を考えよ。ただ行動するだけでなく、思考の上で行動することを求めているのだ。

その対象は、決して一般社員だけではない。

小林　支店には営業担当者が配属されていて、それぞれに担当店を持っているわけですが、管理職である支店長や副支店長、その上に立つ営業部長にも担当店を持ってもらうことにしました。売り上げがまだまだ伸びる可能性が大きいお店様を中心に持ってもらいました。

現場に手本を見せてほしいということです。数字を出すこととはどういうことなのか、身をもって教えてくださいと言ったら、みんな必死でやっていますよ。もう逃げるわけにはいきません。もしできなかったら、部下から「普段偉そうに言っているくせに」と言われますからね。

極端な理想を言えば、将来、支店長は全員が営業部長になってほしい。支店長にはそのくらいの気迫を持った人になってもらいたいですね。

思いやりのある人材が欲しい

小林　私はビジネスの本質って「思いやり」だと思います。突き詰めれば、それ以外に何もないと思う。お客様を思いやる心、パートナーを思いやる心、会社のメンバーを思いやる心。あとは何もいらない。知識・技術なんていうのは、やっていけば誰でも身につきます。

たとえば話しているときに、相手に対する思いやりがあるかどうかは見ますね。話していて、こちら側が話をしやすいように話せるかということです。私が話しやすいように反応してくれる人もいれば、こいつ本当に聞いているのかなって思ってしまうくらいの反応の人もいます。

以前は入社試験でも私が最終面接をしていたのですが、そこでは六〜八人で、ブレーンストーミングをやってもらいます。「ブランドとは」とか「高級品とは」とかいうテーマでやるわけですが、その時私は、発言の内容、うまいことを言ったかどうかなんてひと言も聞いていません。誰かが発言している時にどんなふうに参加しているか、全体を盛り上げようと思って一生懸命頷いてあげたり、ちょっと笑ってあげたりして、その人が喋りやすいような空気をつくってあげられるような人は特に入ってもらいたいと思いますね。

経理部を例にすれば、他部署から流れてくる伝票をただチェックして、不備があれば文句つけてやり直しさせるということではなくて、みんながより伝票を書きやすいようにするためには伝票をどう改良したらいいかを考えたり、システムを変えてあげたり、あるいは締め切りを少しでも延ばすためにはどう仕組みを変えていけばいいかとか、そういう発想ができたらいいですよね。ただ、いつまでに伝票出せ、データ出せと命令しているだけだったら、そんな経理はいりませんよ。

ということは、セクショナリズムは思いやりの欠如の典型例ということになる。

小林　まさにそう、そこに思いやりや感謝の気持ちがないからですよ。たとえばお客様には感謝の気持ちがあっても、社内の人間に感謝の気持ちのないメンバーって大勢いますけれど、これは論外です。よく美容部員や営業に「何気なく注文した商品が当たり前のように届く裏で、何人の人間がどれだけ汗だくになって頑張ってくれているかわかっていますか？　自分たちのいまの仕事、いまの生活を当たり前だと思わないでほしい。そういうことを思う人間は成長が止まる。感謝の気持ちを持って仕事をしてほしい」と言うんです。工場のメンバーと会うことがあったら、「いつもありがとうございます。最近は本当に品切れが少なくなって、とても助かっています」ってひと言出れば、本当に嬉しいし、もっと頑張ろうと思うかもしれないですからね。

なぜ現場回りを重視するか

小林　現場にはどんどん行きますね。工場、専門店さん、百貨店さん、どこへでも、一人の時は暇さえあれば行きます。今年の正月は時間があったので、関西の百貨店さんを一人で回っていました。視察とかそんな堅苦しいことではなくて、「おー元気？」「あっ社長、お疲れさまです」とか、そんな感じです。

現場で得られる情報は大きいですよ。新製品の反応なんて、売り場に出ている人の顔を見ればすぐにわかりますから。あまりよくなさそうな時は、すぐに課題は何か尋ねます。ダイレクトに反応が返ってきます。

年に何回かは管理職でないＢＡの方々を集めて焼き肉食べてカラオケをやったり、年一回、五〇〇人くらい集めてざっくばらんなパーティーを開催したりしています。

まあ問題もありまして、あまりにも気楽過ぎるものだから、部長や課長以上に私の方に近くなりすぎてしまうこともあります。これがいいことなのかどうか、わかりませんが。現場を回る時、こちらから普段頑張っているメンバーに訴えることなんて何もありません。感謝の気持ちを出して、あとはただ話を聞くだけなんです。現場のメンバーにひたすら話してしまう上司は、自信がないからなんです。接客も聞くことから始まるんです。だから私もみんなに対してそうしているわけです。聞いて答えて提案していく。

幹部社員、中間クラスのリーダーには何を求めているのだろうか。

小林　現場の営業のメンバーは、私が直接教える形でいいんです。でも管理職になったら、いちいち私が指示しません。自分で考えて行動してほしい。私は黙ってそれを見て、昇進する方には上がっていただいて、難しければ下がっていただく。ドライに思われるかもしれませんし、私も時に人間として嫌になったり、辛くなったりすることもあります。でもそれが経営者の仕事ですから、仕方がありません。

管理職の評価は、基本的には自分でどこまで仕事を広げていけるかです。自分で考えて、自分であちこち顔を出して、問題があればどういうふうに部門間を越えて解決するか。自分の部署だけがよくなればいいと思って仕事をするのではなく、どうやって他部署とも積極的にコミュニケーションを取りながら進めていくのか。つまりオン・ザ・テーブルを自らつくっていけるか、ということですね。

そういう人材は、いまは数人しかいません。いや、おかげさまで数人出てきてくれて幸せだということです。将来そういう方がアルビオンの取締役になっていくんだろうと思っています。もちろんこれからもどんどん出てきてほしい。

かつては支店の数も二五以上ありましたが、最近は減らしています。これは結果として取引先が減ったことも大きな要因ですが、支店長になれる人材がそんなにたくさんいないんです。これは大手さんでも難しいと思います。こちらがすべてを任せられる人材を育成するのは、そんなに簡単なものではないですから。

支店は、会社の代表でなければなりません。お店様から見れば、支店のメンバーこそがアルビオンなんですから。私は常々支店長や営業メンバーに「あなた方は私の代理としてお店様に行っていることをよく認識しておいてほしい」と話しています。

次の瞬間、小林は表情を崩し、「会議に出ていると、笑ってしまいますよ」と語りだした。

小林　年に二度、管理職集会といって管理職全員が出る集まりがあるんです。その席で、会長や私が話すと、みんな一生懸命メモを取っている。最初から最後まで、ひたすらメモを取っているんです（笑）。

メモを取ったところで、聞いたきり、覚えていませんよ。もちろんメモを取ることそのものを全否定するつもりはないけれど、本来は心に響いたり、刺激を受けたりしたからメモを取るわけで、メモを取ることそのものが目的ではないでしょう。

だから少し意地悪して、わざと「ええっと、忘れちゃったんだけど、この前オレ、何話したっけ？　ポイントは何だったたっけ？」と聞いてみる。そうすると、そこら中からシャカシャカシャカシャカ前のメモをめくる音がする（笑）。所詮そんなものなんですよ。だから最近は「心で理解してください。私の顔を見てください。ただメモしたって意味がない」という話を最初にしています。

会社で会長や社長がしゃべっているときに、下を向いてメモを取っているのはいちばん楽なんです。顔を見ずに済む。そのくせ何か仕事をしているように見える。そんなことに何の意味もないですよ。

三〇代から四〇代前半の、まだ人生の夢を諦めていない世代をいかに取り込み、本気にさせるか。彼らの、飾らないけれど自由で本音から出る発言をいかに取り込むか。小林の課題はそのあたりにあるのかもしれない。

小林　社長の役割は、結局、メンバーにやり甲斐を持ってもらうこと、メンバーのやる気を引き出すことなのです。

失礼な物言いですが、管理職には仕事なんてほとんどないんですよ。パソコン見て何となく一日終わっちゃうようなことだってあるんです。仕事があるのは担当メンバーだけです。いま成績はこんな具合です、こんな企画をしていますなんて報告を上げてきたところで、実際に仕事をしているのは現場のメンバーですから。

よい管理職というのは、みんなから意見を言われやすい人のことです。担当のみんなが、話をしやすい、声をかけやすい人。変に威厳がある人はダメなんです。思わず本音を話してしまいたくなる人、心を開いてしまう人がいいのです。なぜなら、メンバーは課長や部長をよく見ています。たとえば「オレは侍だ」なんて言っても、それが侍の振る舞いなのか、そうでないのか、下の人からは丸見えです。どうせ丸見えなら、言われたほうがいい。

見ていただければおわかりのように、私自身威厳がありませんから。周りから笑われますからね。「え、あなたが社長？」なんてよく言われますけれど、それでいいんです。言われやすいし、話しかけられやすいですから。

お店様の中には、「社長の顔を見ると文句言いたくなるよね」とおっしゃる方もいらっしゃって、まあそれもどうかと思うんですけど（笑）。それでも本音を教えてくださるわけですから、言われやすいのは得ですね。

本気で怒ることが大切

いつもにこやか、本人の言を借りれば「威厳もない」。小林が怒るのはどんなときか。


小林　本気なら怒れるんです。怒らないと前に進まないわけですから。

経営者をやっていると、どうしても怒らなければならない局面が出てきます。でも、より辛いのは怒る側ですよ。怒られる側は、怒る側の苦しさ悔しさ、込み上げてくるものがわかってない。

私は、世間的な常識からすればずいぶん若いうちから経営者になっていると思います。最初は年上の方々を怒れませんでした。当初は私が四〇歳前後で、幹部社員が五十七、八歳ですから。いまはめちゃくちゃ怒りますけれど（笑）。

でも、大将というのは、必要なときにはそういうことをしっかりしなければいけない。そういう機会はごくたまにしかありません。でも本当に必要がある時には、すべてを捨てて本気で怒ることが大切なんです。

本気というのは、何も会社の業績とか、指揮系統とかという話ではなくて、相手のことを思っているからこそなんです。ここで私が怒らなければ、こいつはダメになってしまう。そういう思いを込めて、相手の目を見て、一対一で言えるかどうかです。

怒らないほうが楽なんです。私だってそうです。褒めて褒めて、オッケーオッケーで、いいよ、次回から気をつけて、で許してしまう。こんな楽なことはない。年配の方を、人生の先輩を前にして「この前約束したことをなぜやってないんですか？　話が違うじゃないですか。あなたはお天道様に向かって真っ直ぐ歩いていませんよ」と言えるかどうか。

年配の管理職を会議の場で本気で怒ったことがあります。でも、本気だということが通じれば、大丈夫なんです。その後、彼が私の部屋に来て、「すみませんでした。私が悪かったです。確かに社長の言ったことを私はやってなかった。進めようともしていなかった」と謝ってくれた。本気で怒ってよかったと思いましたね。

仏の顔ではないですが、会議などでも一度目、二度目は黙っています。

なにかテーマや懸案があって、では対応してください、策を打ってくださいと指示したら、時間が許す場合は、なるべく行く末を見守るようにしています。翌月、翌々月の会議では黙っているわけです。

三ヵ月目に何も出てこなければ、まさに激怒です。それこそ「お前らふざけんじゃねえ！」と（笑）。

たとえば商品の改善についてなら、三ヵ月経って初めてどうなっているのか尋ねます。そこで「いま研究所と進めています」なんて答えが出てきた日には爆発しますよ。結局言い訳で、何も進めていなかったときは、それは怒ります。

「私が悪かった」と言えない経営者は三流だ

上に立つ者にとっていちばん大切なこととは、何だろうか。

小林　会社のメンバー全員を輝かせることです。

もう時効と思うからお話しすると、私が営業本部長になった当時、業界誌の方にこう言われました。「アルビオンは、美容部員は一流だけど営業は三流だ」「アルビオンの社員には優秀な人は少ないから、大変ですね。あなたがどんなに頑張っても、アルビオンはよくならない」。そのたびに思った。これは私のポリシーでもあるんですけれど、「どんな人間でも輝かせてみせる」と。その気持ちはいまでも変わっていません。いまのアルビオンのメンバーがダメだということではないんです。私はほんとに優秀だと思ってるし、素晴らしいメンバーだと思う。

　でも経営者の中には、「あいつがダメだ、こいつがダメだ」とか、「うちの社員は、こういうところがよくない」などと口にする人がいます。違うんですよ。どんな社員でも、長所を生かして、生かしきって、彼らが持っている素晴らしい力を引き出してこそ一流の経営者だと思います。

　業績が思わしくなかった時「会社が不調でした」と言う経営者がいます。彼が言外に何が言いたいかというと、「社員の頑張りが足りなかったためにこうなってしまいました」ということだと思うんです。

　私は、たとえば減収減益となった二〇〇九年度の実績をお話しする中で、「私が悪かった」とはっきり言ってしまうんです。従業員というのは経営者の鏡です。私の言葉を聞いているわけです。ということは私が悪かったわけですから、当然「私が悪かった」と言わなければいけない。それを「会社が不調で」「景気が悪くて」と言い訳するのは、「私は悪くないけれど、従業員の働きが悪かった」ということを言外に忍ばせている。これは、私に言わせれば、経営者として三流です。経営者である以上「私が悪かった」と言い切らなければいけない。どんな社員を抱えていようと、結果を出すのがプロの経営者だと思うんです。

　なにか不祥事を起こして、社長が会見で謝っているシーンをテレビなどで見かけることがありますが、時々「私は知らなかった」なんて平然と言ってのける方がいます。それは「私はアホです」「私は経営者として失格です」と宣言しているに等しい。どんなことがあっても、残念ながら経営者は「私が悪かった」と言うしかないんですよ。それができない人は傍観者、評論家です。

小林は、トップの務めはメンバーの嫌がることを率先垂範して行い、手本を見せてあげることだともいう。

小林　トップが動かないと、メンバーは動きません。メンバーに熱意を伝えるには、まず自ら動くことです。お店様とのお取引を見直すときもそうです。社長自らが出ていく覚悟を示さなければ、話は前に進みません。いまでは、私が出ていかなくても、お取引を見直すための交渉をメンバーができるようになりましたが、百貨店さんも最初の五店の交渉は私自身が行いました。最初から任せてしまっても、それは無理です。いままで担当者としてお世話になっていながら、手のひらを返したように「お取引を見直したい」と言えますか？　相手の怒りを買うことになるだけです。

昔、ある百貨店の店長さんのところへ行き、ご挨拶すると、店長さんに「アルビオン？確かコーセーさんの子会社で、同じ小林さんね。それで?」と目もあわせてくれない。

私は「高級品のありかたを考えておりまして、突然で申し訳ありませんが、お取引を見直させていただきたい……」とお話しした途端に、店長さんが平身低頭されて、「いきなり驚かさないでよ。アルビオンとはこれからも……」とそこから交渉の話がはじまりました。

また、ある大きな専門店様と残念ながらお取引をやめることになったときも、私は、管轄の支店長と担当の営業、それに美容部員を全員連れて、社長さんのご自宅へ伺い、いままでのお取引への御礼のご挨拶をさせていただき、頭を下げました。そんな私の背中を、支店長も、営業も美容部員もみんな、見ているんです。そして、これは本気なんだと思ったはずです。ですから、辛いことこそ社長自ら動かないと、前へ進みません。社長の重要な役割だと思います。

第五章

小林章一という人間の育てられ方

母は名門私立小学校に行かせなかった

小林は、一九六三年一二月、東京に生まれた。東京オリンピックの前年で、父・英夫がアルビオンの社長に就任する二ヵ月前のことである。母は名古屋市の老舗企業の次女で、乳母日傘《おんばひがさ》で育てられたお嬢様だったという。小林に子ども時代のことを聞いた。

小林　いわゆるお坊ちゃんのような育ち方はしていないと思います。むしろ泥んこになって遊んでいるガキでしたね（笑）。

幼稚園は東京・渋谷で、電車で通っていました。ある日の帰り道、母が券売機で切符を買っていると、私がいない。慌てて捜すと、雑踏の中に人だかりができていた。「まさか」と思ってその真ん中を見ると、私が「ケロヨン音頭」かなんかを大声で歌いながら踊っていたそうで（笑）。顔を真っ赤にして「何やってんの！」と怒鳴られて、引っ張られて帰ったことが何度もあるらしいです。

幼稚園は、いまのコーセー社長の小林一俊さんと同じでした。父の兄の子ですから、いとこですね。ある父兄参観日に、気づいたらまた私だけいない。また母が焦っていると、コーセー社長のお母さんが「章ちゃんは、また一人で大声出して砂場で遊んでいるわよ」（笑）。

他の園児たちがお坊ちゃま然と静かに座っている中で、私だけはみ出していたという話を、よく母から聞かされました。「あんたはメチャクチャだった」というんです。

小林章一は、公立の小学校に入学した。それは母親の意志だったのだという。

小林　校庭の桜がきれいな公立小学校でした。公立に行くことになったのは、母の意志です。名門私立に行く選択肢もあったでしょうが、母は気に入らなかったようです。早くからああいう学校に入ってしまうと、他のものを受けつけにくくなると言っていました。子どもはどんな人とでも仲良くしなければいけないという考え方からだったのだと思います。

私はこれまで五〇〇人を超える企業トップに会ったが、不思議と名門私立小学校出身者は少ないように思う。しかし、芸術家など文化人で成功している人の中には結構いるようだ。

公立小学校での小林は、相変わらず泥だらけだった。

小林　夏なんか七時頃まで戻ってこない。ようやく帰ってくると、カエルを持ってきたり、犬や猫を拾ってきたりして母には嫌がられましたね。みんなと野球やサッカー、アメフトをやったりしていました。外で遊ぶのが大好きな、活発な男の子だったと思います。

途中からはサッカースクールに通い、地元のチームに所属して、週末はサッカーばかりやっていました。大してうまくはなかったし、足も遅かったし、上達もしませんでしたけれど、とにかくおもしろかった。

五年生くらいからは受験勉強ですね。家庭教師にも来てもらって、慶應の中等部に入りました。

中学、高校の六年間は、正直に言ってあまり楽しい思い出はありません。中学時代はサッカーをやっていてまだ楽しいこともありましたけれど。

何をやっても手応えがなくて、つまらなかったですね。勉強も大してできなかった。いいことと言えば、ほんの数人ですが大親友ができたことです。

椅子で殴った母親の真剣さ

小林の人格形成には、母の影響が大きいようだ。

小林 母は、子どもの頃はとにかく怖かった。いまにして思えば、いい意味で本当に厳しく鍛えてもらいました。父は仕事で忙しくてほとんど家にいませんでしたから、自分が鍛えなければいけないという責任感があったんでしょうね。

小学校低学年の頃までは、もう何やっても叱られる。悪いことをした日には、冗談抜きでぶん殴るんです。四つ足の椅子で殴られました。よく泣いていましたよ（笑）。子どもの頃褒められた記憶は思い出せません。

でも、いまは文字通り命がけで育ててもらったという感謝の念があるだけです。子どもを持ってわかったことですけれど、自分の子どもに辛く当たるのは大変なことですよ。

いまにして思えば、跡を継がせなければいけないという思いもあったのかもしれません。

少し、小林章一の母個人のことを聞いてみたくなった。

小林　父とはお見合いで、短大を出てすぐ二〇歳で結婚しました。私は母が二一歳の時の子どもですから、きっと殴れるパワーに溢れていたんでしょうね（笑）。

母は名古屋の出身で、超のつくお嬢様でした。その当時ロールスロイスで学校に通っていたというんですから（笑）。私は母方の両親にとっては初孫だったので、よく遊びに行ってはかわいがってもらいましたけれど、親類は名古屋の名門の一族でした。

結婚が決まって、母が東京へ出てきていちばん困ったのは、初めて父の実家に挨拶に行くときに、電車の乗り方がわからなかったことだそうです。なにせ一度も乗ったことがないから、どうやって切符を買ったらいいのかすらわからない。それで泣きながら実家に電話したという、そのくらいのお嬢様ぶりだったそうです。
骨のついた焼き魚なんて食べたことがなかったから、食べ方があまりに汚くて、祖母にずいぶん叱られたらしいですね。小林家は、家族みんな焼き魚を食べるのが早くて、しゃぶったようにきれいに食べられたそうです（笑）。本当に驚いたそうですよ、「どんな教育を受けたらこんなに魚がきれいに早く食べられるのかと思った」とよく言っていましたからね。きっと、大変な苦労だったと思います。

大学時代は八百屋でアルバイト

小林章一のおもしろさ、ユニークさの源泉は、もしかしたらアルバイトにあるのかもしれない。なにせ御曹司が生まれて初めて体験した仕事が、街の普通の八百屋だったからだ。

小林　大学に入った直後、母に「何かオレにぴったりの、格好いいアルバイトを紹介してほしい」と話したら、二つ返事で「あ、わかったわかった。ちょうどあんたにピッタリなのがあるわ」と言うんです。そして「話つけてきたから早速いまから行って」って言われたのでどこなのか聞いたら、いつも母が行っている八百屋だったんです。
どうやら「金なんか要らないから鍛えてやってください、よろしくお願いします」なんてことを言ったらしく、アルバイト料はめちゃくちゃ安かった。それから週に三、四回、大学が終わった後の三時から、閉店の夕方六時半ぐらいまでのいちばん混む時間帯に働きました。

ご夫婦のほかに、従業員さんが三、四人いる、八百屋としては結構大きなお店でした。当時は運転免許を持っていなかったので、自転車で配達していましたよ。キャベツやトマトなんかを入れた箱を輪ゴムで留めて。

お店は坂の下にあって、配達を頼む家は当然坂の上が多い。ですから、野菜を積んで自転車をえっちらおっちら漕いでいく。野菜って結構な重さなんですよ。なかなかに辛い仕事でした。

その八百屋で販売ということの楽しさに気づきましたね。モノが売れるということは、素直に楽しいんですよ。お客さんに「こういうのもありますよ、いかがですか?」「じゃ、もらってくわ」なんて言われて、売り上げが上がることがとても楽しい。最初はお客さんに声をかけたり、呼び込みの声を出したりするのは緊張しましたけれどね。

なぜ母親が八百屋に行かせたのかは、私にもわかりません。でも私に合っているという思いがあったんでしょうね。確かに結果的にはうまくはまりましたよ。そこでは二年生まで働きました。

その後は、大学の先輩からの紹介で、夜中に新築マンションのビラをポストに入れるアルバイトをしました。管理人さんがいない時に、夜一〇時頃からスタートして、明け方まで一晩かけて配る。これは、一回で一万五〇〇〇円から二万円くらいもらえたんですよ。

まず、配る地区を指定されて、そこに存在するマンションの一覧表をもらう。だいたい一〇〇〇軒から二〇〇〇軒くらいあったでしょうか。そこで、実際に配りに行く前に、自分でどうやって回ったら早く終わるか、効率がよくて楽かを一生懸命考えるわけです。それは、いまにして考えればのちのち役立ったかもしれませんね。

変わったところでは、生花市場でもアルバイトをしていました。友人のお父さんが生花市場の社長さんだったんです。それで、朝の競りの時に、売れた花をそれぞれの花屋さんの車まで運ぶ役なんですね。これはなかなか給料がよかった記憶があります。あとは書店でも働きました。ただの立ち読みなのか、買っていただけるのかを見抜く技を覚えましたね（笑）。また、先輩が卒業後就職せずに立ち上げた会社で、「誰にでもわかるワープロの教科書」という本をつくるのを手伝うために、当時まだ出始めたばかりのワープロを勉強したり。ミニコミ誌の手伝いなんかもしました。とにかく大学時代はアルバイトに精を出していましたね。

経営者として、父親としての小林英夫

小林孝三郎の理念を引き継ぎ、アルビオンで一〇〇億、二〇〇億円のマーケットを開いてきたのは、まぎれもなく父・英夫だ。高度成長前、まだ面どころか点にもなっていない市場を開拓してきたことは、驚くほかない。

小林の中にある、英夫像に迫ってみた。

小林　まったくおっしゃる通りです。すごいことです。その一方で、生意気を言わせていただくと、もし父がアルビオンの経営者でなければ、まったく違う分野で世界を代表するような経営者になっていたかもしれないという思いが、いまでも心の片隅にあるんです。創業者である祖父が絶えず傍らにいて遠慮があったでしょうし、私のように伸び伸びとできた環境であれば、今とは違う分野で、別の次元で世界的な経営者になれたのではないかと思っています。

私がアルビオンに入社して、当時の父が置かれている環境を見たときに、父がもともと持っている力のようなものが十分に生かされているとは到底思えなかった。父のポテンシャルは非常に高く、もっともっと成功できるはずなのに……という思いは、常に心の中にありました。もったいないなと思います。もし父がもっと周囲の環境に恵まれた中で仕事を任されていたら、どうなっていたのか。

父は感性が飛び抜けていました。また勘の鋭さも、私など到底及びません。

私が入社する前の、過去の資料を読んでいると、本当に素晴らしいのです。「生まれ変わろう」とか、「企業三〇年説」とか、節目節目でしっかりと鋭いことを訴えています。特にすごいと感じたのは、「高級品と高額品は違う」という言葉です。私自身がアルビオンの仕事に取り組んできて痛感していることを、ひと言で言い表しています。

私は家では、経営者としての父の姿をあまり見ることはありませんでしたが、アルビオンに入って初めて父の素晴らしさを知りました。会社の基本的な経営コンセプトの設定、進むべきビジョン、モノづくりや販売などの考え方。ただ唯一残念なのが、トップを取り巻く環境が揃わなかったことです。

現在は会長として、小林の活躍を見守っている。

小林　もちろん、会長としていろいろアドバイスをもらっています。ただ、いまはほとんど「うん、そうか」と言うだけです。信頼してもらえることは嬉しいんですけれど、少し寂しいぐらいですね。

私も本当に悩んでいるときがあるんです。むしろ否定してほしいというくらいの気持ちで相談に行く場合もあります。

だから最近は、むしろ私のほうから会長を誘うことも多いです。たとえば監査に来るときなど、私の方からなるべく会長に「来てくださいよ。会長が出て行かなかったら始まりませんよ」なんて声をかけて。

父は忙しかったですが、その割にいろいろな所に連れて行ってもらいました。会長は釣りが趣味ですから、私が小さい頃はよく一緒にやったものです。

朝一番、四時前に家を出て、釣り船に乗ってアジやサバを釣ったり、スズキを釣ったりしました。おもしろかったのは、スズキを釣るにはまずエサのイワシを獲らなきゃいけないわけです。いまだから言えますけれど、神奈川・三浦半島の、とある港の真ん中に、漁師さんたちが持っているイワシの生け簀があるんです。で、会長が「お前、ちょっと獲ってこい。俺がやると犯罪になるから、小学生のお前だったら冗談で終わるから」と（笑）。私もさすがにそれはちょっとまずいんじゃないんですかと言ったのですが、「大丈夫だ。やれ。獲れ」って（笑）。「獲れ」って言われてもね。いまだから笑い話ですけれど。

会長はいまでもヒラメを釣りによく出かけていますよ。料理もできますからね。

小林一族に生まれて

コーセー創業者の小林孝三郎には、三男一女の四人の子どもがいる。長男の禮次郎がコーセーの二代目社長、三男の保清がコーセーの三代目社長となる。上から三番目で長女の伊津子《いつこ》は元国連事務次長の明石《あかし》康《やす》夫人だ。

小林　祖父は親戚の集まりを大切にする人間でした。正月は必ず全員集合でしたし、夏は親戚一同で軽井沢の祖父の別荘に遊びに行ったりしていましたね。当然いとこ同士も集まる。みんなでワーッと遊ぶわけですけれど、私と歳が近かったのは、ひとつ違いの現在のコーセー社長の一俊さんでした。当然彼や、彼の弟と一緒になって遊ぶことが多かったですね。当時から、親戚一同が化粧品を手がけているということは知っていました。

小林章一は、祖父・孝三郎のＤＮＡを強く継承していると思う。経営理念を守る、人を売る、マインドシェア、共存共栄――こうしたキーワードは、どれも孝三郎から発せられたものと見て間違いない。

祖父との思い出を聞いてみた。

小林　祖父は相撲が大好きなんです。「章ちゃん、相撲に行くぞ」なんて、たまに誘われるんです。すると、祖父と私とコーセーの役員の方、あるいはコーセーの社員の方とか、なにやらよくわからない組み合わせで、枡席に侍っていましたね。祖父はただ黙って相撲を見ているだけでした。

私は当時高見山の大ファンだったんです。好きで好きで、負けるときもゴロンゴロン転がるものだから、それすら愛らしいというか。だから土俵に向かって「高見山ーっ！」って叫ぶわけです（笑）。祖父はそれを見て笑っていましたね。「章ちゃんはおもしろいなあ」なんて言っていましたよ。

きっと小林家で相撲を見に行って叫ぶのは私くらいだったんでしょうね。


小林章一が創業者としての祖父・孝三郎を意識するようになったのはいつからなのか。

孝三郎は明治四五年、一五歳のときに、化粧品メーカーの高橋東洋堂に丁稚奉公に出る。一〇年ほど生産関係の仕事に携わった後、販売担当へ転身し、そこで全国津々浦々の代理店、販売店を足で回り、化粧品の商売のあらゆる面を実地に学んでゆく。一九四六（昭和二一）年、コーセーを創業すると、翌年には「取引協約規定」を販売店に提案し、多くの賛同を得て今日の販売制度の礎を築く。孝三郎は商品の優良化と製販共同経営を創業理念として掲げ、その夢の実現に情熱を注ぎ込んだ。

小林　大学生になった頃から少しずつ本を読むようになり、アルビオンに入社してお店様を回り始めた後からは特に勉強しました。祖父の一周忌を記念して出された追悼集『理想の販売制度への道』というのがあるのですが、これはもう、赤ペンでアンダーラインを引きすぎてグチャグチャになるくらい読みました。

追悼集には、祖父の語録や講演録がぎっしり掲載されています。とりわけ、私が何度も繰り返し読んだのは、メーカーと販売店がお互いの領分をはっきりさせて、自分の領分に対して最大限に努力し合うという「製販共同経営の精神」のところです。いわく「ご販売店のご利益を完全に擁護する、文字通り『共存共栄』を旨とした理想の制度品を実現するために全力を挙げる」、いわく「ご販売店と同じ繁栄、同じ利益、同じ目的でしっかりと結ばれた、いわば血のつながりを持ったわれわれが、制度というユートピアを夢見て一致協力、この大事業の実現に邁進すれば前人未到のゆるぎない制度品王国が建設されるに違いない」、いわく「ご販売店の利益を完全に擁護することはメーカーの義務だと思う。（中略）『共存共栄』という建て前からも、小売店として採算の取れる利益を断固として守ることがメーカーの義務であり、むしろ喜びでなくてはならない」などといった部分です。

また、推奨販売に結びつけた宣伝方針のことも基本理念として頭に叩き込みました。「宣伝には雑誌、新聞、テレビ、ラジオなるものと、お店に来るお客様を対象とした宣伝の二つがあるが、制度品としての特徴を生かすためには、後者により店頭での推奨販売に結びつく宣伝に重点を入れることは、必要にして欠くべからざるもの」

祖父は、理想の販売組織づくりに一生をささげたのですね。何十年も前に祖父も同じことで悩んでいるんだなと思いましたし、ちょうど私がアルビオンのマーケティング本部長になった頃だったと記憶していますが、どうしてお店様には祖父の熱狂的な支持者が大勢いるのか、その理由がわかった気がするんです。

祖父が死んだのはもう一五年も前になりますけれど、本当の意味で元気だったのは、私がアルビオンに入社して、パリに行っていた頃まででした。その頃は、機会があるごとに近況を報告していましたね。


孝三郎がアルビオンをつくった夢。それをいま、小林章一はどう受け止めているのだろうか。


小林　私の分際でこんな言い方は失礼ですけれど、祖父が礎をつくってくれたおかげで、孫の私の代までメシが食っていけているということ自体が、すごいことですよね。

だからこそ、私が小林孝三郎の孫だからというだけではなく、われわれの世代がこれから何をするのか、どうすれば次の、さらにその次の世代の方々が暮らしていける会社、もっと言えば社会をつくっていけるのかということが、モノをつくる人間として常に考えなければならない重要なことなのではないかと、最近強く思うのです。

もちろん、いま短期的に私やアルビオンが儲ける、儲けないということも決してないがしろにはできない。けれど同時に、たとえば孝三郎がつくった礎に思いを馳せたい。私も、私の家族も、アルビオンのメンバーも、メンバーの家族も、孝三郎がつくった理念のおかげで、こうして生きていける。そのことに感謝するにつけ、後の世代への責任を感じてしまうんです。

私が強調したいのは、三代目で事業を革新的に成長させていることは、きわめて珍しいということだ。実際、コーセー、アルビオンくらいかもしれない。

小林　それは、祖父が築いた理念のおかげなんです。

私は、マインドシェアでナンバーワンを目指すなんて、さも自分のアイデアのように言っていますけれど、これは小林孝三郎の企業理念なんです。創業者が築き、実践してきたことなんですよ。

確かにコーセーグループは、売り上げ面では昔もいまも資生堂さんにかなわない。でもお店様の中でのマインドシェアは高い。ピンポイントのお店様ではやっぱりコーセーであり、小林孝三郎なんです。負けないものがあったからこそ、コーセーが発展できたわけです。商売とはそういうものだと強く感じます。

たとえば将来、アルビオンがまったく違った形で化粧品の新ブランドをつくるかもしれない。あるいは新しい事業に進出するかもしれない。でも、その時にただひとつ気をつけなければいけないのは、パートナーであるお店様の中でのマインドシェアです。それこそが、ビジネスを持続させる最大の秘訣なんです。

祖父のような、強い礎を築ける人間になりたいと思います。せっかく巡ってきたチャンスですから、そういう人生を歩みたい。

祖父はよく言っていました。「いいか、アルビオンのお取引先が、専門店様が孫子の代まで発展していくような商売をしろよ。そうしなければ意味がない」。そう繰り返し聞かされました。

年を取るほど、祖父の言葉が心に沁みます。その場がよければいいなんてことはない。将来のことまで考えるからこそ、強烈な信頼関係ができるんだと。実際に経営をしてみて初めて、なるほど、と膝を打つわけです。祖父の信念は、私の根底にあると思います。

跡取り息子という存在は世の中に大勢いますけれど、最近私がよく考えるのは、どういう目線で跡目を継ぐかがポイントだということです。

そのままで、なんとなく生きていこうと思うのか。ひたすら守ろうと思うのか。先代の意志を汲みながらも目線を高くして、いまの時代の空気を感じ取りながら、いざとなれば変えてやろう、もっと発展させようと考えて仕事に取り組むのか。

結局はビジョンを持ってやるかどうか。それが経営者の本質だと思いますし、それこそが大事なことなのではないでしょうか。

絶頂期の西武百貨店で学んだこと

小林章一は、一九八六年三月に大学を卒業し、堤清二《つつみせいじ》率いる西武百貨店に入社した。これは、自分の意思だったのか。西武時代の思い出を聞いてみた。

小林　当時セゾングループといえば、先進的な百貨店グループで、非常に勢いがあり、最先端の文化をつくっているという気概が感じられました。就職先に西武を選んだのは、まったく私個人の意思で、最初は父に何も相談しませんでした。

ところが最初の面接で、人事担当者から「ちょっと待って。あなたのお父様の会社とうちは取引があるでしょう？　ちゃんと紹介を通していらっしゃい」と言われてしまった。そこで初めて父に相談したわけです。もちろん西武さんと取引がありますからね。

当時の西武セゾングループの新入社員は、合わせて二五〇〇人もいたんです。入社式は新宿の東京厚生年金会館でしたが、私たちはホールに入り切れず、別室のモニターで、まるで拝むように画面の中の堤清二さんを見つめていました。

研修期間が終わって正規の配属を言い渡されるとき、紳士服か婦人服を期待していたんですが、配属先は池袋本店の美術部という、六階の、あまりお客様の通らない売り場で、工芸画廊部門の担当になりました。作家ものの陶磁器、漆などの工芸品を扱うのです。湯飲み、ぐい飲み、とっくり、皿、大皿、壁掛け、壺などを売るわけですが、安いものでも、湯飲み、ぐい飲みで一品二、三万円。高いものになってくると、湯飲み、ぐい飲みでも二、三十万円する。茶道具のお茶碗になってくると、先生によっては二〇〇万、三〇〇万。高いものでは一〇〇〇万円以上するようなものを、いきなり新入社員に店頭で売れというわけです。

だいたい私には、最初はなぜこんな原価もない土の塊が何十万、何百万で売れるのか、まるで詐欺じゃないかとしか思えないわけです（笑）。ほとほと困ってしまいました。

最初の数ヵ月間は、ひたすら先輩が売った商品の包装です。それから、二週間に一度のペースで催事が入れ替わります。「〇〇先生展」といったような具合で商品を展示して、二週間ごとに何百点という作品を入れ替えるわけです。

売れた商品、返却する商品を仕分けて梱包するのですが、夏は大変でしたね。閉店時間を過ぎると冷房は止まってしまいますから、ネクタイを外し汗びっしょりになって一気に作業をするわけです。新入社員は特に頑張らなければいけない。毎回夜一一時過ぎまでかかりました。

私は相変わらず美術のことなど何も知らないのですから、まったく売れないわけです。売り方もわからない。商品知識もないので、美術書を買って勉強し、休みの日には自分のお金で窯を飛び込みで訪ねましたが、最初の半年間はまったくと言っていいほど数字が出せなかった。

その頃、ひとつだけ私がやり続けていたことがあります。一〇時開店ですので早番の社員は大体四〇分くらい前までに出社すればよかったのですが、私は八時前に入って、工芸画廊全体をピカピカに磨いたのです。これは誰に言われたわけではないんです。お客様にとって大事なことは何なのかを考えたときに、そのひとつは、やっぱり売り場がきれいであることではないのかと思ったのです。私が個人的に、売り場にホコリが溜まっているのが気になったということもあります。

売ることができないわけですから、正直言ってやることなんてない。せめて掃除ぐらいしよう。売ることで貢献できないのだから、せめて棚をピカピカに磨こうと考えたのです。

陶器を抱えてロンドンへ

小林はいま、アルビオンの営業担当者に、「自分たちにできることを考えろ」と教えている。その原点は、こんなところにあったのかもしれない。

そんな小林に、大きなチャンスが訪れる。

小林　配属半年、一二月の誕生日の前日に、ある外国人のご夫婦が来店されました。ところが美術部には、英語ができる人間が誰もいなかったので、カタコトながらも多少英語ができる私が接客することになったのです。

　ロンドンから来たというご夫婦に、在庫の中からご興味のありそうな商品をお見せして、値段を説明しました。高額商品ばかりです。「小林さん、説明してくれてありがとう。結果は電話で連絡しますから」といってお帰りになりました。

　彼らを見て、少しお話をしたとき、「いいお客様だな」と思いました。これは理屈ではなく、雰囲気から直感したのです。本当にいいご夫婦でした。一流を感じたんです。

　一販売員である私に対する思いやり、気遣い、リスペクトがある。奥さんのほうがより強く陶器に入れ込んでおられる様子だったんですが、あまりに時間をかけて悩んでいる姿を見て、ご主人が「彼も忙しいんだから、もうこれ以上時間をかけるのはやめよう、帰ってから相談しよう」なんて言ってくれる。

　奥さんの方も、壺を手に取るときに、さりげなく指輪を外しました。これはごく当然のマナーなんですけれど、当時は日本人のお客様でもできていない方が結構いました。指輪で陶器に傷がついてしまいますからね、彼女はさりげなく外しました。

　次の日、店に電話がありました。「小林さん、きのうは本当にありがとう。素晴らしい接客でした」と感謝されたのですが、「ごめんなさい。同じようなものが他店でより安かったから、今回は他店で買おうと思う」とていねいに連絡してくださったのです。私も礼を述べて電話を切りました。それが私の誕生日でした。

その夜、友達と誕生祝いの食事に行ったものの、心ここにあらずなんですね（笑）。せっかくの大きな商談が破談になっているわけですから。せっかく祝福してくれて、一生懸命気落ちした私を盛り上げようとしてくれているのに、うまくいかなかったことの悔しさのほうが大きかった。宿泊先はお聞きしていたので、どうしても巻き返したかった。そこで友達に謝ってディナーを中止して、ホテルに行きました。

その夜は、歌舞伎を観にいき、食事をしてから夜遅くホテルに戻ると言っていましたから、ホテルのロビーでメモ用紙とボールペンを借りて、一生懸命手紙を書きました。「お会いできてよかったです。私は一流の方に一流の商品を販売したいと思っています。素晴らしいお二人に出会えたことにとても感謝していますし、この出会いをぜひ大切にしたいと思います」と書いて、次の日は休みでしたから、かかってこないとは思いましたけれど、一応自宅の電話番号と「何かありましたらいつでもご連絡ください」というメッセージを書き加えて、フロントに託しておきました。

翌朝、自宅に電話があって、ご主人が、「あなたは素晴らしい。日本に来て多くの人に会ってきたけれど、あなたのような心の籠もった接客をしてくれた人はいない。ついてはきょう、もう一度会えませんか。おととい見せていただいた四点をもう一回見せてほしい」と言ってくださったのです。その日のうちに日本を発つということで、夕方に部屋を訪ねる約束をしました。

ところが会社へ電話すると、上司は「それは詐欺師かもしれない。決して行ってはいけない」と言うんです。もうその時は熱くなって、「自分がしっかり管理するから行かせてください」と頼んだ。それでも罷りならんと言うのです。

ご夫婦にお見せした四点の作品は、ある美術商が所有し、西武百貨店さんに委託していた作品でした。そこで上司の説得は諦めて直接美術商の担当者に電話し、「悪いけれど、内緒で四点持って来ていただけませんか」と頼みました。「だって小林さん、上司はダメって言ってんでしょ」と泣かれましたけれど、「いいんです、お願いします」と拝み倒したら、「小林さんがそこまで信用するって言うなら仕方ない、内緒だよ」と言って助けてくれた（笑）。ホテルにその美術商の担当者が一緒に来てくれたのです。

新入社員の分際で全責任を負って、ホテルに出向いて作品を改めてお見せしました。ご夫婦は何回もジーッと見た後で「金額はこの前と変わりませんか？」と聞いてきました。困ったなと思いましたが、せめて気持ちだけでもと思い、あとで怒られても構わないと開き直って五％割り引くと約束しました。五％といっても四点合計で二千数百万円ですから、結構な額になってしまうんですが、思い切って言ってしまった。

彼らは「わかりました。お返事は二、三日中に国際電話でします」と言って、イギリスに帰国されました。作品はもちろん騙し取られることもなく、美術商の担当者が持って帰りました。

翌日出社したら、上司に「ふざけるな！」と怒られました。「盗まれていないんだから構わないじゃないですか」と言い返すと、「あまり勝手なことはするな」と言うんです。頭に来て、「そういう問題じゃないでしょう。顧客志向じゃないからダメなんですよ」なんて食ってかかって、大喧嘩になってしまった（笑）。もうあほらしくなって、どうでもいいやという気分でした。

果たして数日後にロンドンから電話がかかってきて、「全部買う」と言ってくださった。二千数百万円分、すべて。当時新入社員だった私の半年間の売り上げ目標は数百万円だったわけです。半年で二千何百万売るということは、ベテランのレベルです。いきなりそれが売れてしまった。破格の商談成立でした。

ところが、そこからさらに上司と揉めてしまう。

小林　当時、高価な美術品は輸送が大変だったのです。保険の問題も含め、美術品の搬送を個人でする習慣がなかった。運賃も保険料もべらぼうに高い。そこで文句がついてしまった。

そこで私は上司に、「自分でお届けしたい」と話した。上司の答えは「前例がないからダメ」でした。「そんなことを言っているからダメなんです。お客様から見たら送料なんて安いほうがいいんですから、私が抱えて行けばいちばん安心です。やらせてください」「ダメだ」の押し問答になってしまいました。

結局「もういいです。有休ください」と言って、有休を取ってロンドンのご自宅まで届けに行きました（笑）。もちろん入金を確認したあとのことです。

当然エコノミークラスです。高い運賃と保険料をかけて送るのと、商品を膝に抱えてエコノミークラスで持っていくのとどちらがリスクが高いかと言われればいまは返す言葉がないんですけれど、当時は若かったもので、思った通りにやってしまいました。

安いチケットを探しましたが、それでも二〇万円くらいした記憶があります。全部自腹です。親を頼ることもなく、借金して買いました。

ヒースロー空港に着いて、すぐに行かなければ危ないですから、ご自宅に直行しました。ただ持っていくだけでは芸がないと考えて、アフターサービスではないですけれど、四点の履歴というか、作品の説明を英語に翻訳して汚い字で書いて、一緒にお持ちしました。とても喜んでくださった。「あなたの接客のスタンスが、商売に対する思いが素晴らしい」と絶賛していただきました。

ご自宅に案内されたのですが、本当にすごい家でした。マンションですが、棚という棚に、ひとつ数百万円はくだらない年代ものの作品が飾ってあるような家でした。

ご夫婦は玩具の卸をされているスイス人で、業界ではとても名の知られた方だったらしいのです。しっかり手書きの領収書をいただきました。

帰国して出社したらもう噂が広まっていて、拍手喝采されました。特に高級品を扱っている売り場の女性が褒めてくれたんですが、男性陣の中には、「生意気な野郎だ」みたいなところもありました。「規律を乱す変な奴が入ってきたぞ」ということだったんでしょうね。私にとっては、本当にいい思い出です。日本に帰ってきたら、景色が変わって見えましたからね。

いまの小林章一そのままではないか。そんなつまらないことをしていて何がおもしろいんだ、正しいと信じたら進め。言われたことだけやっている人生なんて、絶対につまらない。

小林　この話題が、誰かを通じて父の耳に入ったらしいのです。いまでも覚えていますが、シンガポールに出張中の父から、私に電話がありました。「何年間か西武さんに修行に出したつもりなんだから、あまり正論振りかざして暴れなくてもいいんじゃないか」と言われてしまいました。「あまり引っかき回さないように気をつけます」と答えておきました。

ところが、その取引がうまく行ってからは、飛ぶように売れるようになりました。なぜなのかは自分でもわからないのですが、巡り合わせがよかったのでしょうか。お客様とのよい出会いも増えました。

もちろんそれまでも誠心誠意尽くしていたつもりだったのですが、変な話、数百万円単位の作品がどんどん売れたんです。外国人のお客様を専門的にお相手するようになったのもあるんですけど、日本人の方にも、お客様がどんどん広がっていった。

結局、八八年の秋に西武百貨店を退社する。当時のいきさつはどうだったのか。

小林　実はその頃に、私にいくつか転勤の打診があったのです。そのひとつが、「西武フランス」での駐在でした。私は絶好の機会だと思いました。海外で仕事をしてみたいということ以上に、当時エルメスやアルマーニといった超のつく有名ブランドを、基本的には西武さんが中心になって日本に持ってきていましたからね。すごく夢が感じられて、ぜひ行きたいと考えました。そこで一応会長（英夫社長＝当時）に報告しに行ったわけです。

ところが会長は、西武さんのお金でフランスへ行かせていただいたら、申し訳ないのではないかという反応だったんです。これが辞める原因のひとつですね。

もう一点が、会長が当時手がけていた「ソニア リキエル」が、前にも申し上げた通りまったく売れていなかったことです。年間数億円という赤字を出す中で、それなら西武さんでフランスへ行くよりも、「ソニア リキエル」のてこ入れのためにフランスに行けばいいじゃないか、という展開になった。そこで会長からも西武さんに話を通して、退社することになったわけですね。

海外で勝負に出たいという気持ちが漠然とある中で、どこの人間として行こうがあんまり構わなかった(笑)。とにかく行きたいという考えでしたね。

「初めてあんたが死ぬ気になったのを見た」

こうして、八八年の秋、小林章一は父の経営するアルビオンに入社。フランスに渡る。二五歳だった。

フランスでの三年半、後半部分については第三章で詳しく聞いた通りだ。しかし渡仏後の最初の一年間は、ソルボンヌ大学での勉強だった。

小林 当時、会長はフランス人を一人雇っていて、「ソニア リキエル」をある程度任せていたのです。私がそこに加わるに当たって、まずフランス語ができなければ話になりません。そこで最初の一年間はソルボンヌ大学の、文明講座という外国人向けの集中講座に通いました。仕事はほとんどしていません。これがかなりきつい。授業はいきなり全部フランス語です。みっちりとフランス語を勉強しました。

いま振り返っても、私の人生の中でここまで勉強した時期はありませんね。朝五時から夜一二時までひたすら勉強。そうしないと追いつかない。とにかくフランス語だけは完璧に話せるようになりたかった。誰よりも美しいフランス語をペラペラになるまでしゃべれるようになりたいという信念でやりましたね。学校が終われば家に直帰してすぐ勉強。食事も自分で簡単なものをつくって済ませて、あとはひたすら単語を覚え、文章を覚え、予習・復習の繰り返し。要するにフランス語漬けでした。大学四年間で学ぶことを、半年、一年でやりきった感じです。

母がフランスに来たとき、私を見て「慶應大学に払った授業料は無駄だったようだけれど、ソルボンヌに払った授業料は安くついた」と、しみじみと言いましたね。もっともソルボンヌの授業料は私自身が払っていたんですけどね（笑）。もうひとつ、母は「初めてあんたが死ぬ気になったのを見た」とも言っていました。確かにその通りで、渡仏して一〇ヵ月くらいで、勉強のしすぎからちょっと自律神経失調症みたいになってしまったんです。でも、この頃の勉強は、学んだ内容も学び方も、その後の人生の大きな基礎になっています。やっぱり一度はこういう経験がないとダメですね。

暇の辛さを知っているか

改めて感じるのだが、小林はなぜいつも、嬉しそうな顔をして仕事をしているのだろうか。そう聞くと、やはり笑顔で「そう見えますか?」と聞き返してくる。大げさではなく、光り輝いている。話していて楽しくて仕方がない。どうかすると、もう少し静かにしてほしいと思ってしまうくらいである。そのエネルギーはどこから生まれてくるのだろう。

小林 私は、仕事があることが幸せなんです。アルビオンに入社してフランスに渡ったけれど、勉強を終えたあと、「ソニア リキエル」に本格的にとりかかるまでは、しばらく仕事がありませんでした。会長(英夫社長=当時)が現役バリバリでしたからね。一日中暇で、異国で朝から晩までやることがないのです。隣の屋根の煙突をずっと見ていたりなんかして(笑)。この時に、暇の辛さを痛感しました。人間暇になったら本当に寂しいものですよ。

会長に直訴しても仕事を与えてくれない。ということは、自分で少しずつでも何か考えてやるしかないわけですよ。

当時フランスのオフィスにいたので、まずフランス人がフランス語で書いたメッセージを日本語に訳す仕事からスタートしたんです。商品をフランスでつくっていましたからね。

とにかく時間が有り余っているので、ブランドでも見に行こうと思ってイタリアを旅行したりもしました。ブルガリの香水に出会って感動したのはその頃です。そして自分で手紙を書いて口説いたのは先にお話しした通りですが、要するに、少しずつでいいから、仕事は自分で編み出さなければならない。当時会長が私に仕事を与えてくれなかったことは、いま思えば本当によかった。

はっきり言って当時は、ちくしょう、ふざけやがってなんて思っていたんですよ。いまなら笑えるけど、仕事がないのは本当に辛い。でも、本当は何をすべきかを、自分で考えるしかないんです。

だから私は、たとえばお店様を訪問して、床のゴミを拾っているだけでも幸せなんです。お店様がきれいになってお客様が喜んでくださるなら、それだけで心底幸せになれる。お店様が一生懸命什器かなんか運んでいるのを見ると、ついつい「僕が運びますよ」って言ってひょいっと手伝ってしまう（笑）。それを見たうちの社員が「社長、社長！」なんて言い出して止められちゃうんだけど、本当に私は、そういうのが好きなんです。仕事があるっていうことが幸せで仕方ない。しかも、それによってお店様もお客様も喜んでくださる。なんて嬉しいことなんだろうとしか思えないんですよ。

小林章一は、言葉だけでなく、顔から、全身からその嬉しさを発散している。
おもしろいもので、社会に新しい価値を創造し、世の中を変えてきた大企業の経営者には、幼い頃裕福な家庭に育ち、その後没落を経験している人が多い。パナソニック創業者の松下幸之助《まつしたこうのすけ》しかり、ダイエー創業者の中内㓛しかり、阪急電鉄・宝塚劇場創業者の小林一三《こばやしいちぞう》しかり……。幼い頃豊かに育った人が、家庭の没落で塗炭の苦しみをなめて世の中を変えてきた。

小林　そのお答えになるかどうかわかりませんが、私はコンプレックスの塊なんです。まずモテなかった（笑）。顔だけではないんです。勉強もできたわけではなかったし、サッカーも好きだったけれど不器用だった。世渡り上手でもなかった。ただ、コンプレックスをバネにして、向上心に変えたというより、せめて一生懸命やろうと思えたのがよかったんです。

タップダンスが教えてくれること

いまや押しも押されもせぬ社長として、アルビオンの陣頭指揮に当たっている小林章一でも、いまだにコンプレックスを感じる場面があるという。

小林　タップダンスが好きで、習っているんですよ。

『ホワイトナイツ／白夜』っていう映画があるんです。ロシアの白人バレエダンサーとアメリカの黒人タップダンサーの友情物語。もう素晴らしい感動ストーリーなんですけれど、それを観たときに、タップダンスに感動してしまった。また『タップ』という映画では、ニューヨークのスタジオで黒人のおじいさんたちが七、八人でピアノを弾きながらタップを踊るシーンを観て感動しました。

そこで、いまから六、七年前でしたか、いろいろ情報を集めて、都内の有名な先生のスタジオに通い始めたんです。ところが、これがちっともうまくならない（笑）。他のスポーツはうまくならなくてもムッとしないんです。もともとあまり好きではないし、結果が悪かろうがどうでもいいと思っているから腹も立たない。ところがタップは、好きで始めて一生懸命練習しているから、できないと本当に自分に腹が立つ。

レッスンに行くたびとても楽しいからやめられないんです。

でも、タップを通じて学んだことは、自分がどれだけできない人間かということを思い知ったことです。好きなことがうまくならない悔しさ、楽しいけど悔しいという気持ちは、経験してみないとわからない。自分って大したことのない人間なんだなと痛感するわけです。

会社ではみんなが持ち上げてくれるし、成功したら褒めてくれる。でもタップの先生はお世辞では褒めてくれない。辛いんですよ。でもタップが好きなんです。いくら花を贈っても、食事をご馳走しても旅行に連れていっても、ちっとも振り向いてもくれない片思い

（笑）。

先生は私にビジネスを教えよう、人生を教えようなんて思っていない。ただステップを教えているだけですよね。「こいつ、何度言ってもうまくならないな」なんて思いながら。

一方で、できないほうの私は少し別のことも考えるわけです。毎回毎回打ちのめされた心境になって、会社に行けば社長、社長って呼ばれるけれど、自分の実力ってせいぜいこんなもんだと思う。それを再認識する場でもあるんです。

自然体かどうか、お金の話から入るかどうかで人を見る

社員以外の人間を見るとき、小林章一の視線はどこに注がれているのだろうか。

小林　私は、本物の人間は自然体だと思うんです。

人とお会いしてビジネスの話をするときには、二つの点しか見ていません。まずは、自然体かどうか。自慢話のような話題から入ってこないかどうか。

もうひとつは、最初からお金の話に入らないかどうかです。この二点だけです。

何の取引であろうが、お金の話は最後の最後、信頼関係ができてからですよ。これは私の信念ですけれど、商売はそうでなくてはいけないと思います。建設会社だろうがコンサルタ

ントだろうが、証券会社でさえ、最初からお金の話をする人は絶対にダメです。信用しません。要するに、品性の問題なんです。信頼関係もできていないのに、いきなり五〇〇万円のコースはこうです、一〇〇〇万円のコースもありまして、一五〇〇万円のコースならこんなこともできますよ、なんて言われても、騙されているとしか思えませんよ。

ただこれは、あくまで日本での話です。外国は契約社会ですから正反対です。自然体で、というのは、社会的な肩書とは関係なく、その人なりのままでいるかどうかです。別に個性的である必要もないし、べらべら喋る必要も、とにかく明るくしている必要もないんです。

ソニア・リキエルさんのような超一流の人たちと接していると、本当に飾らないんです。彼女が東京に来たとき、一緒に青山を散歩したんです。彼女、何て言ったと思います？　いろいろなお店を見て、最後ににこっと笑ってひと言言うんです。「ここには私のコピーするモノは何もないわ」なんて、ウインクしながら（笑）。かわいいなこの人と思いました。世界の一流デザイナーですよ。おばあちゃんですけど、惚れそうになりますよ。

一流だからそういう人になれるわけではないと思う。そういう人が一流になるのではないでしょうか。

小林章一のところにも、たとえばベンチャーの出資要請のような話がやってくる。

小林　お会いしてみると、中には一生懸命自分の事業内容を情熱的に語りすぎるあまり、お金の話をし忘れて帰りそうになる人がいるんですよ。こちらから、お金の話はしなくてもいいのかと思わず言ってしまうような人はオーケーなんです。ひどい人になると、株の申し込みの書類を全部忘れてきましたなんて人もいる。そういう人はいいですね。

ところが、最初から数字だらけの書類を出して、資本政策がどうのとか語り始める人がいるんです。こんな有名企業と取引があるとか、こんなに儲かる予定だなんていう話から入ってくる人はダメです。私は金融会社の経営者ではないんですから。

それでも、人を見るのは難しいです。お恥ずかしい話ですけれど、私もベンチャーへの投資で失敗したことがあります。もちろんアルビオンとしてではなく、小林章一個人としての投資です。

通信系のベンチャーで、確かにいいアイデアだと思いました。しかし、うまくいかず、結局一年後に倒産、夜逃げです。会った時には確かにまともに見えたのですが、人を見るというのは本当に難しい。がっくりきましたね。

ベンチャー側も脇の甘い人間が多いですよ。持ってくる事業計画はおもしろいんです。大概、最初の年は売り上げゼロ、その次は二、三千万円、その次の年は一億、二億で、その次は一〇億円になっている。

二億から一〇億なんて、絶対に行きませんよ。商売というのはそんな甘いものではない。いまやアルビオンにとってすら五億円の売り上げを積むことは大変なんです。それを理解しない限りはいくら資料がしっかりしていても、絶対うまくいかないという話をとうとうとするはめになる。

起業すること、挑戦する姿勢そのものはとても大事だと思っています。ただ、日本は起業して一度失敗するとレッテルが付いてしまいますから、リスクも大きい。それでもベンチャー経営者たちに言いたいのは、人が一生懸命汗水流して貯めたお金を預かることの重要性、重みを理解してほしいということです。それがわからないから話が軽いんです。

なぜか付き合う相手が出世する

小林の話を聞いていると、とにかく嗅覚がいい。品がいいと感じる。

交友関係はどうなのだろうか。

小林　自分でもよくわかりませんけれど、そうなのかもしれません。だからおもしろいんですよ。かつて日本のP&Gに勤めていて、日本のマックス ファクターの社長をしているイタリア人の男性がいたのです。本当に素敵な方なんです。やがて出世してP&Gのバイスプレジデントまで上がっていった。

でも、私とウマが合うような方ですから、政治的ではないんですよ。P&Gなんて世界的な大企業ですから、どうしても競争が激しくなってしまって、最後はいきなり退社することになってしまった。

気になっていたんですが、しばらく音信不通でした。ところが気がついたら、プランタンの会長になっていたのです。フランスのプランタングループのCEOです。

もう一人、エルメスの元バイスプレジデントというキャリアを持つ化粧品会社の社長がいました。ライバルでもあるんですけれど、彼もまた素晴らしい方で、個人的に付き合っていたわけです。

彼に「なぜエルメスのナンバーツーの立場を捨てたの?」と聞いてみたことがあります。すると彼は「オーナーがいるから、俺は一生ナンバーワンにはなれない。規模は小さくてもいいから、一度経営者としてやってみたかった」と言っていました。

ところが一年ぐらいで辞めてしまい、その後何年かイギリスのウイスキーメーカーの社長を務めていたのですが、そこでも苦労しているらしいという噂が伝わってきていました。

ところが、エルメスのオーナーが病気になってしまった。そのオーナーは「オレに『ノー』と、本音を言ってくれたのはあいつだけだ」と言って、ウイスキーメーカーの社長だった彼を呼び戻したのです。いま彼が、エルメスのCEOなんですよ。おもしろいですよね。

だから私は、何かの肩書を持っている人だから付き合うということはあまりしません。かつてはなきにしもあらずでしたけれど、大概そういう関係は失敗します。だから私は人間性で付き合うことを大切にしているんです。「いま」の人が、将来もいいかどうかなんてわからないわけです。

第六章

アルビオンの未来

日本の高級品市場で圧倒的な存在になる

私は、経営者や実業家の価値は、「いかに社会に新しい価値を創造するかで決まる」と考えている。儲かる仕組みをつくり出し、それで社会に利益をもたらす経営者は優秀かもしれないが、それだけでは「普通の経営者」の域を出まい。利益を出すだけ、マネジメントが上手なだけの経営者なら世間にごまんといる。重要なのは、社会構造を変えるだけのダイナミックな事業家なのかどうかということだ。

裸一貫でダイエーを興した中内功は、スーパーのセルフサービス方式により安くて質のよい生活必需品を提供して国民の生活水準を向上させることに貢献し、「暗黒大陸」ともいわれた流通業界の近代化を成し遂げた。「流通革命」をスローガンに掲げ、ビッグストアチェーンの展開による大量販売と大量仕入れの具現化によって、メーカーからついに価格決定権を奪い返すことに成功した。さらに、日本で初めてアメリカ型ショッピングセンターを開発して以来、全国にスーパーを根づかせ、ショッピング環境を整えることに貢献した。また、阪急電鉄創設者の小林一三は、ターミナルに百貨店をつくり、沿線には分譲地や遊園地をつくるなど、電鉄会社の新しいビジネスモデルを構築した。それだけではない。宝塚歌劇団、プロ野球球団（阪急ブレーブス）、映画会社（東宝）を創業、一大グループをつくった。そんな小林一三ウェイを、西武の堤康二郎《つつみやすじろう》、東急の五島慶《ごとうけい》太《た》、東武の根津嘉一郎《ねづかいちろう》などはこぞって導入した。

そんなことを考えながら、若き経営者、小林にアルビオンの未来を聞いてみた。

小林　私自身が将来「アルビオン」のライバルをつくらなければいけないと考えています。創業五〇年を経て、アルビオンは乳液を中心とした美容理論でここまで成長し、大きくなってきました。それはそれで素晴らしいことで、これからも美容理論を磨いていこうと思います。おかげさまで百貨店さんでも、売り上げベストスリーに入る店が増えてきました。梅田阪急さん、池袋西武さん、銀座三越さん、心斎橋大丸さんなどは、二〇〇九年度の年間売り上げでナンバーワンになっています。

お店様によっては年間一〇億以上売るところもあります。いい形で来ています。ところが一方で、これから一〇年後、二〇年後を睨んだときに、いま私が何をしなければいけないか。変な話ですけれど、将来「アルビオン」と売り上げで張り合うような新しいブランドをゼロから育てていく必要があると思うのです。

「アルビオン」以外のブランドをもう一本の柱にするということは、「アルビオン」以上の超高級品市場を開拓する気なのか。

高級化粧品の市場は、まだ決して大きいとは言えない。アルビオンも、売り上げで言えば四〇〇億円規模だ。競争相手を巻き込み、相乗効果で高級化粧品市場そのものをもっと成長させようという考えはないのだろうか。

小林　高級化粧品の市場はポテンシャリティがあり、まだまだ広がりもあるし、広げていくこともできると思います。アルビオンはまだまだですけれど、高級化粧品市場自体は、結構大きいんです。

資生堂さんの高級ブランドも頑張っておられるし、カネボウさんや私たちの親会社コーセー、さらに外資系を加えれば、二〇〇〇億円は言い過ぎかもしれませんが、一五〇〇億円前後はあると思います。統計がないので、あくまで私の感覚ですが。

こういうことを言うと、「アルビオンと喰い合ったら困らないか」と決まったように言われます。でも、他人に取られるくらいなら、自分で取ったほうがいいと思う。本当にいいものをつくる自信があれば、恐れる必要はありませんよ。

穏やかな言葉だが、自信が感じられる。

では、小林章一が考える、新しいマーケットの具体像はどういうものなのだろうか。どんな市場を創造し、どういう質的な変化をもたらす考えなのか。

小林　ヘルスケア産業です。右眼ではしっかり化粧品の分野を見つめながら、ヘルスケアの世界も睨んでいきたい。

まずは化粧品の分野で、一つひとつの商品で新しい価値を創造したいし、新しい市場を創造していきたい。これは私たちの基礎となる分野ですから。一方で、左眼で見ていかなければいけないかもしれないのがヘルスケア分野です。

ヘルスケア産業というのは、医学の世界も含め、健康の管理、免疫学、サプリメントといったさまざまな観点やキーワードがあります。

化粧品の世界で一つひとつの商品を一生懸命創造するということは、当然これからも続けていきます。しかし、それだけでは井の中の蛙になってしまわないか。絶えずもうひとつの眼でヘルスケア産業全体を見ながら、化粧品業界を見つめ直す。ヘルスケアの世界も、私たちなりに培ってきた高級化粧品のパースペクティブ（将来展望）をもって見つめる。もちろんファッション業界も対象になり得るでしょうね。

「美しくなりたい」という女性の願望の強さは、男には想像できないといわれる。

アルビオンが、医学的な、あるいは心理学的なアプローチをとることだって、確かに十分あり得る話だ。

小林　私はアルビオンのお店に来られたお客様に、精神的に充実した時間を提供したい、お客様に精神的に満足していただきたいと思っているのです。

結局、女性がもっともきれいになるのは、気持ちが豊かになった時だけです。いくら素晴らしい化粧品でも、それには敵わない。化粧はきっと、最終的に心理学なんだと思います。

お客様が何も買わずにお帰りになったとしても、きょうはアルビオンのお店に行ってみて、よかったな、あのBAさんに話を聞いてもらって楽しかった。そんなふうに感じていただくことがサービスなのではないか。それは、実はとても精神的なことのような気がします。結果的に笑顔になってお帰りいただけたら、お客様をきれいにしたことになるわけですから。それが商品力、サービス力であり、新しい付加価値だと思うのです。

だから私たちは当然ファッション業界も見ていかなければならないし、ヘルスケアも、医学も、サプリメントも見なければいけない。

考えてみれば、幸せな女性、精神的に充実している女性ほどきれいです。極論を言ってしまえば、心が満たされている女性に、化粧品なんか不必要なんです。こんなこと化粧品会社の社長が言ってはいけないのですけれども（笑）。

だから私たちは、売り場にいらっしゃったお客様を、そういう気持ちにして差し上げなければいけない。

本田宗一郎さんがおっしゃっていました。車を修理するんじゃない、まずは心を修理してあげるんだって。本当にその通りだと思います。顔をきれいにして差し上げるのではない、心を、気持ちを、きれいにして差し上げるということなんです。

アルビオン独特の感動ビジネスを世界へ

高級品だけというコンセプトで数百億円規模の売り上げを持つメーカーは、世界でも数少ない。デフレ不況と言われて久しい日本で、まったく新しい形の成功モデルを築きつつある。

二〇年間、ダメだと言われ続け、自らも思い続けてきた日本の化粧品業界で、独自の価値観を創りだしてきた企業である。日本発祥の新しいビジネスモデルを、世界に問う考えはないのだろうか。

小林　「アルビオン」として、いますぐ積極的に出るつもりはありません。いくら欧米に出たところで簡単に勝てるわけがないからです。

アルビオンはいま、ニューヨークとロンドン、香港に、小さな事務所を開いていますが、いずれも提携している海外ブランドの仕事が主です。「ポール＆ジョー」ブランドは、アメリカでの展開を始めたところです。香港は、「アナ　スイ」や「ポール＆ジョー」を、中国本土に卸す窓口になっています。

ロンドンの事務所は、やはり「ポール&ジョー」を、たとえばロンドンのハロッズさんやパリのプランタンさん、ローマでも売っています。ただ、まだスタートしたばかりの段階ですね。

「ポール&ジョー」や「ソニア リキエル」「アナ スイ」といった海外ブランドは、ライセンス契約でファッションブランドですから、何十年先はどうなるかわからない事業です。ただ、それぞれのブランドには、それぞれの特徴がある。「アルビオン」ブランドには「アルビオン」の特徴があり、「アルビオン」でしか表現できない世界がある。そういった個性が確立されています。

「アルビオン」という自分たちのブランドは、やるからには何十年かけて、欧米でしっかり売っていかなければいけない。ただ、そのために海外ブランドはいい練習、足がかりになります。「ポール&ジョー」を展開することで海外の百貨店ともコネができる。現状での海外展開は、そうした意味合いが強いですね。

私の基本的な考えでは、化粧品できれいになる、この商品を使えばきれいな肌が手に入るということに、欧米の女性も、日本の女性も、アジアの女性も同じように期待しているし、そうなりたいと願っていると思います。

一方で、すでに日本の市場は国際競争に晒されています。日本の百貨店では、ほぼすべての一流ブランド、一流メーカーがこぞって競争しているわけです。

最終的には世界に出ていきたいという気持ちはあります。でもその前に、まずこの日本の高級品マーケットで圧倒的に強くなる必要がある。

いまのままでは、欧米では勝てません。日本の化粧品会社で、欧米で圧倒的に勝っている会社はひとつもありません。私に言わせればお話にならない。ただ進出することと、成功することは意味が違いますから。失礼ですけれども、命をかけて、本気で超一流ブランドに勝ちにいく覚悟があるのかということです。

欧米の高級品市場には、香水だけで、年間に一〇〇～一二〇の新商品が発売されます。そういう市場なんです。たとえばディオールの「プアゾン」やランコムの「トレゾァ」という香水は、たった一種類で一〇〇億円以上売れたわけです。そんな中では、大して売れていないメーカーの名前なんて埋もれてしまうわけです。要は、埋もれないような個性際立つ商品をつくれるか、名前の通る商品をつくれるかです。

日本の化粧品メーカーはみんな、海外だ、海外だと言っていますが、日本にも大きなマーケットがあります。いくら日本が少子化だ、人口減少社会だと言っても、マーケットそのものは将来も大きいんです。まだまだやれることなんていくらでもありますよ。それよりも、欲しいものをつくればいいんです。お店に行ってみたくなる素晴らしい接客をすればいいんです。

私は、日本がこれからより一層世界に冠たる観光大国になって、世界中から観光客が来たときに、「日本といえばアルビオン」と認識されるくらいに圧倒的な存在になってみせたい。

そうなれれば、自然と国際化できますよ。理想論を言えば、アルビオンがお取引している全百貨店様、全専門店様で圧倒的に売れ行きがナンバーワンになった暁には、当然海外からも、アルビオンってすごいメーカーなのかもしれないと考えていただけると思うんです。

そのためには、いまよりももっと、アルビオンがつくっている商品が個性的で、独創的で、圧倒的な優位差別性が出てこないといけない。そうでなければ、成熟時代が長い欧米市場で勝てるわけがないというのが私の結論なんです。組む相手は、海外からたくさんのオファーがあった時点でじっくり選べばいいわけです。

M&Aについてもよく聞かれます。もちろん将来的にありうるかもしれませんが、要はそれだけの、よほどの出会いがあるかどうかですね。本当にそういう出会いがあれば考えます。儲かるかどうかだけでなく、目指す方向が一緒かどうかとか、そういうこともポイントですよね。


高級化粧品というものは、生活必需品ではない。なくても生きていけるものと同義だ。

つまり、化粧品は文化のバロメーターのひとつなのである。それが売れない、それを売らないということは、市場以前に文化に問題があるという話なのか。

小林　まさにおっしゃる通りですよね。
　だから、アルビオンの商品を見て、海外の方々がどういうふうに感じるか。それが楽しみだし、興味があります。これはいったいなんだ、こんなものがあったのか。何を考えていたらこういうものがつくれるのか。まず容器を見てきれい、かわいい、楽しい。開けてみたらもっと楽しい、驚いた、と思ってもらうことを目指してやっています。

　キヤノン社長の内田恒二《うちだつねじ》が語っていた。エレクトロニクスの世界では、回路基板などはすぐ中国にマネされてしまう。しかし、レンズの研磨技術など、精密機械加工の技術は絶対にマネされない。これはまさに、アナログの手づくりの伝統文化だという。

　競争を勝ち抜く企業に共通しているのは、オンリーワンの技術、オンリーワンのサービス、つまり他社が持っていない専門性の高い技術、サービスといった「秘伝のタレ」を持っていることだ。

　かつてブラウン管テレビが主流だった頃、シャープは日立などからブラウン管を購入し、自社ブランドの商品として販売していた。シャープ製のテレビは上モノだけで、中身は他社製品だった。今日シャープが世界で確固たる地位を築けたのは、電子式卓上計算機メーカーとしてこだわってきた液晶を自社で開発し続けたからである。まさに「秘伝のタレ」だ。

　対照的なのがソニーだ。ソニーはブラウン管時代に高コントラストの「トリニトロン技術」で大成功を収め、ブラウン管の覇者となった。しかし、薄型テレビの開発には完全に出遅れてしまった。オンリーワンがなくなったのである。

ソニーの失敗はそれだけではない。創業理念がうまく継承できなかった。井深大、盛田昭夫《もりたあきお》が創り上げた、技術を育て、技術者を育て、事業を育てるという「育てる文化」をなくしてしまうのである。その過程で、アメリカ型の経営システムへの転換を図った。カンパニー制、社外役員、執行役員といった制度を導入し、いわゆる「グローバルスタンダード」の先頭を走る一方で、技術は他社から購入し、人材は外から採用し、事業は買収する、資本効率を最重視する経営へと傾倒してしまった。効率一辺倒の経営である。つまり、「育てる」ことより、「選択する」経営文化に軸足を置くようになった。それが私には、今日ソニーが窮地に追いやられる要因のひとつになっているのではないかと思える。

中国市場への疑問

日本の大手メーカーは、中国市場の開拓を進めている。小林章一はどうなのか。

小林　アルビオンの輸出は、いまは台湾が中心ですね。百貨店さんが十何店もあって、大変好調です。

一方で、中国本土ははっきり申し上げてこれからです。というより、私自身が少し引いていません。おっかないというか、どうなるかわからないところがある。

アジアも大事です。しかし、化粧品メーカーが本当に国際化する場合は、まず欧米で成功するしかないんです。それだけ長い間、ブランド間の激しい競争時代を経験しているわけですから。わかりやすく言えば、お腹いっぱいのときに、まだ食べたくなるようなものをつくれるかどうかなんです。

世界の化粧品市場を見ると、卸売りレベルで市場全体がおよそ九兆円なんです。ざっくり内訳を見ていくと、日本が一・四兆、アメリカが二兆。ヨーロッパが、ドイツ・フランス・イギリス・イタリアの主要四ヵ国を足して二・二兆円なんです。つまり、先進国を合計すると、九兆円のうち五・六兆円になります。

もちろん中国のシェアは徐々に上がっています。しかし、市場の三分の二弱がたった六ヵ国の売り上げで占められている。そこが最も成熟化している社会であって、最も競争の激しい市場なんです。

別に中国が悪いと言いたいのではなくて、まずは日欧米の六ヵ国で頑張っていくことがテーマなんです。高級化粧品会社というのは、成熟化した市場で徹底的に鍛えなければ強くはなれません。

ロシアも伸びているし、中国も中東も南米も伸びています。今後、重要になってくることは間違いない。でも、こんな言い方は失礼ですけれど、二〇〇〇億円の市場が一〇％伸びても二〇〇億ですからね。アメリカは一％伸びれば二〇〇億ですよ。これは、全然意味が違うのです。

この開き直りは痛快だ。既存のメーカーとの違いをしっかり認識しているから、グローバル戦略も違うのだ。

あるメーカーの経営者がぼやいていた。生産を中国に一部シフトしたものの、撤退しつつあるという。工場から部材や備品、果ては完成品までも盗まれる。現地の政府に訴えても、「その何倍も盗まれているところがある。そうなったら改めて訴えろ」と。難しい国である。

「商品力×サービス力」

小林は商品力を圧倒的に強くすることが先決だという。

だが、アルビオンの力とは、基本的に「商品力×サービス力」のはずである。ならば、パーソン・トゥ・パーソンで、システムではなく感動力、サービス力で商品力を何倍にも強め、欧米の目の肥えた人々を唸らせられないものだろうか。「化粧品が売れることよりも、お客様が喜んでくださることのほうが大事だ」と言い切れる経営者をいただくメーカーなど、恐らく欧米には一社もない。とすれば、アルビオンならではの、顧客に感動を与えるようなサービス提供を売りものとする高級化粧品会社として進出しても、商機はあるのではないか。

　私はどうしてもけしかけてみたくなってしまった。


小林　確かに、サービスという面では日本は圧倒的でしょうね。

　いま、日本の文化や日本人が大好きな外国人が大勢いらっしゃいます。それを支えているものは、やはり日本人の世界に類を見ないサービスなんです。いまおっしゃったように、それをどう根づかせていくかというのは課題ですよね。

　将来欧米で勝たなければいけない。これは難題です。いまぼんやりとですが、欧米では直営店でやるしかないのかもしれないという結論になりつつあります。

　百貨店さんの中に小さなお店を構えるのではなく、直営店で、アルビオンのスタッフオンリーで、最初は売り上げが低くても、納得が行くまで、地道にサービスを頑張るイメージ。そういうふうにするしかないと考えています。


　少し安心した。小林なら、世界の高級化粧品市場のあり方を、いや高級化粧品そのものの意味を変えることができるかもしれないのだ。

　商品力に頼り切るだけではない売り方。それは売る人間のマインドであり、お客様の気持ちをつかむ「まごころ」だ。それは、きっと世界のどのメーカーよりも、アルビオンが優っているはずだ。
アメリカでの日本車の飛躍を見ると頷ける。日本車がアメリカ社会に受け入れられたのは、単に車の品質が高いだけではない。日本車のディーラーのサービスマインドが既存ディーラーを上回っていたからである。かつてアメリカに住んでいた私は、この違いをまざまざと見せつけられてきた。日本車メーカーはディーラーへの接客教育を徹底し、顧客へのホスピタリティ（おもてなし）を重視し、顧客マインドを販売にフィードバックしてきたのだ。サービスマインドで、販売力を高める。これは、日本の文化である。

小林章一は、高級化粧品は文化度の高い成熟市場でしか勝負できない、と断言する。だとすれば、ロレアルにも、エイボンにも、エスティ ローダーにもない、日本文化を発信してほしい。そのとき、アルビオンの社員は、日本文化の伝道師であり、宣教師になるはずだ。

小林　変な意味ではなく、基本的にはユニクロの柳井さんのように、海外では直営店しかないだろうなと思っています。

日本の場合も、当社とがっぷり四つに組んで下さるお店様が存在しないような空白地区については、直営店の展開もあるかもしれません。ただ、日々の売り上げに一喜一憂する経営が世の中に染みつき過ぎているから、口ではお客様の満足が最優先と言っているくせに、腹の中では定期的に売り上げをどう上げようかという感じにどうしてもなってしまう。これは、大変残念なことでもあります。

「アルビオン アワード」で本当のメセナを目指す

売り上げだけを見る経営を嫌う小林だが、決算ではどの数字を重要視しているのだろうか。

小林　私は営業利益率以外見ていません。売り上げが多少上がろうが下がろうが、大して気になりません。しかし営業利益率がどんどん減っていくというのはまずい。たとえ売り上げだけが上がっていても、営業利益率が小さくなっていくのは問題があります。

なぜ、営業利益が大事なのか。

小林　本業から上がってくる営業利益ほど大事なものはありません。営業利益は、商品力というか、商品の付加価値に起因するのです。だから営業利益を見れば、いかに付加価値のある商品を提供しているかどうかがわかる。つまり、営業利益とは、社員一人ひとりの発想、ひらめき、アイデアの集大成の結果なのです。ですから、他社と同じような商品で、付加価値の低い商品をつくっていると、とてもじゃないですが、営業利益は出ません。他社にないオンリーワンの商品で、付加価値の高い商品を出していかないと、営業利益は出ないし、営業利益率も増えません。そういう意味でも、営業利益を生むことは、経営者の大きな使命だと思います。

これは明快だ。経営者の大きな仕事とは、営業利益を生むことだという。私は、会社の存在意義は、①社員の生活の安定、②株主へのリターン、③社会への貢献、④先行投資、の四つがあると考える。これらを実現するためには利益が必要だ。それも本業で稼ぎ出す営業利益である。

では、小林は、社会への貢献ではどんなことをしているのか。

小林　大企業のように大上段に構えるわけではなくて、もっとお金のかからない、持続的なメセナ活動ができないかと思っていました。

私たちはきれいなこと、美しさを追求している企業ですから、全国の美大の学生さんから、共通のテーマで絵や写真などを募集するという活動を行っています。「アルビオン アワード」といいます。

デッサンでも、紙を貼ってもいいし、油絵でも水彩でもいい。写真でもよくて、要は何でもいいんです。

これはただメセナとしてやっているのではなくて、審査を通過した二、三十点を、アルビオンの白金・教育センターに張り出すんです。そこには定期的に弊社の美容部員やお店様が研修に来るのですが、そういった方々を中心にわれわれ社員が投票して金賞、銀賞を決め、簡単な表彰式をします。

芸術家を目指す方々に何か活動の目標を与えつつ、社員やお取引先にエッジの効いた作品に触れてもらうことで、こちらも刺激を得られる。私たちは現場のメンバー一人ひとりの智恵やアイデア、発想、ひらめきの積み重ねでやっていくしかないわけですから、何も大きなイノベーションばかりではなく、経営者としていい刺激になる種を拾って、形にしていきたいと思います。もちろん私がひらめけば何でもいいというわけではなく、「これは最終的にお客様の喜びや満足に繋がるか」という目線が大事なわけです。

もうひとつ大事なのは、継続することです。一回に使う金額は、お世辞にも大金とは言えません。しかし社会にも会社にも意義のある活動ならば、必ず継続していける。根幹を間違えると、メセナなんてただの経費の無駄遣いになってしまいます。

これは、社内の会議なども同じなんですね。ダメだと思えば変えていく。続けようと決めれば続けていきます。

日本の若者たちへ

どうしても、小林にこれだけは聞いておかねばならない。平成に改元されて二〇年をゆうに超えた。つまり、物心ついた時から不景気な日本しか知らない世代が、社会に羽ばたこうとしている。

そんな人たちに、小林はどんな言葉をかけるのだろうか。

小林　私は、いまの若い方々を特に悲観してはいません。言いたいこともないのです。もっとも、私ごときが偉そうに言えることなんて何もないのですが。

よく、最近の若い人は漢字も書けないと言われます。わざとでしょうが、「こんにちは」の「は」が「わ」になっていたりする。私はそんな話を聞くたび、人間というのは頭だけでは語れないなと思うのです。

ブランドのところ（第三章）でもお話ししましたが、私は小さなファッションリーダーと化している若い女性のブログを見ることがあるんです。確かに、誤字があったりすることもある。でもそれ以上に、文章のレイアウトや言い回し、リズムなんかが本当におもしろい。

学校で真面目に勉強したかどうかなんて問題じゃなく、生まれながらのセンスがあるわけです。自分がきれいだと思うもの、いいと思うもの、美しいと思うものをしっかり受け止める力があるから、おもしろい文章が書けるんだと思うのです。頭がいい、悪いだけではないし、たとえ頭がよくても、そういうセンスがなければダメですよね。

一流大学なんて呼ばれるところの人間が優秀だという根拠なんて、どこにもないですよ。私が思うに、本当に一流の人は欲しがらない。あべこべに、中途半端な人はいろいろなものを欲しがります。お金、肩書、プライド。きっと自分の人生のテーマがどこにもないんでしょうね。本物の人間は、必要なもの、いいものしか買いませんよ。偉ぶって、バカみたいなお金の使い方はしない。高級品を売る立場の人間だからこそ、私にはそう思えます。

若い方に言いたいことなんて特にありません。むしろ、大人の方々で公私のケジメがしっかりしていない方々も、一部でいらっしゃいますからね。

私が文句を言いたくなるのはそういう大人の方々に対してです。

本気で感動させられれば、不景気は突破できる

小林　いまは不景気です。なぜでしょうか。私は別にリーマン・ショックのせいではないと思います。

それは、えんえんと過去の延長線上で仕事をしてきたからです。バブル経済が崩壊してか

ら二〇年以上の間、あるいは過去一〇〇年以上と言えるかもしれませんが、お客様が変わり、時代が変わったのに、過去の延長線上でしか仕事をしてこなかった。それがいまの不景気の原因だと思います。「失われた二〇年」だなんて、その時代を生きざるを得なかった子どもたちに失礼ですよ。無為に「失った二〇年」なんです。

本当に欲しいものがない時代と言われて久しい。その中で、買ってもらえる高級品を創りだしてきた小林は、まさにそこを衝いてきたのだ。

小林　アメリカでも、百貨店もスーパーマーケットも調子が悪いわけですが、ニューヨークのGMタワーにあるアップルストアで、年間いくら売っていると思いますか。たった一店で年間数億ドルです。

つまり、いままでにないようなものを創りだせれば、本当にその商品がお客様を感動させ、ワクワクさせることができれば、まだまだ可能性があるんです。

だからこそ、今後もし景気が回復するときは、きっといままでになかったような商品、サービス、事業モデルが出て来るときです。これからは、そこだけの勝負です。突き詰めて考えていかないと、どんどん遅れを取ってしまう。

歴史があればあるほど、どうしても慣習、因習から抜けられない。新しいことを始めにくい。一方で歴史があることは信用があることとイコールです。このバランスが過渡期においては難しいんです。

特に若い方には大きなチャンスが待っている時代です。もっと言えば、絶対にバカな大人の真似をしてはいけないと思います。チャンスは来ます、絶対に。だから続けていればいい。とにかく継続です。私自身は、おかげさまで運にも恵まれてここまで来ました。頑張っていれば運も自然に付いてくると思います。

最後に、これから日本人はいかに戦っていくべきか、と質問してみた。

小林　勇気を出して、何かに本気で挑戦し、それを世の中に問うてみることです。ただそれだけです。

はっきり申し上げて、事業で成功した人、いまお金持ちの人が、そうではない人より優秀なわけではまったくありません。私が保証します。すべての人にチャンスは平等であり、すべての人は成功する可能性がある。私はそう思います。

裏を返せば、私もいつか、いまの肩書が取れて、一人の小林章一でしかなくなる日が確実に来ます。

私は社長になってから、明日ただの小林章一になるかもしれない、今日が最後かもしれないという思いを抱いてきました。毎日がラスト・チャンスなのです。だから、後悔しないような仕事をしよう、その時に後悔しない毎日を過ごそうというポリシーで生きてきました。

くだらない大人が語る、「いまの若いヤツは」なんてセリフを真に受ける必要はどこにもありません。いまの若い方は、素晴らしい能力、才能を持っている人が大勢います。これは内緒の話ですが、私も立場上、有名人とか、成功者とか呼ばれている人とお会いする機会が少なからずあります。ところが、はっきり申し上げて、がっかりさせられるような方もいっぱいいます（笑）。がっかりしますよ、本当に。

何が言いたいかというと、成功した人かどうかとか、立派な肩書を持っているか、金持ちかどうかという価値観で人を見たり、物を考えたりするということは、所詮その程度の話なのです。それよりも、本気で、真剣に考え、取り組むことの方がずっと大切だし、尊いと思います。

最近、親の子どもに対する教育がどうのという話題が多いですが、親が子を教えるときにも、迷いがあったり、真剣さが足りなかったりするんでしょうね。前にもお話ししましたが、真剣なら、本気なら怒れるし、そういう時は怒る人のほうが辛いんです。命をかけて怒れるかどうかがポイントなのでしょう。

だから、自分の見る目を信じてほしい。自分だけが持ち得る印象、感性を信じてほしい。

自分で考え、正しいと思ったことを信じて頑張っていただきたい。私も、これからもそういう思いで、日々覚悟を新たに頑張っていきたいと思います。

著者略歴

大塚英樹（おおつか・ひでき）

1950年兵庫県生まれ。

テレビディレクター、ニューヨークの雑誌スタッフライターを経て、1983年に独立してフリーランサーとなる。

以来、新聞、週刊・月刊各誌に精力的に執筆活動を行い、逃亡中のグエン・カオ・キ元南ベトナム大統領など、数々のスクープインタビューをものにする。

現在、国際経済分野を中心に、政治・社会問題などの分野で幅広く活躍する。

これまで500人以上の経営者にインタビューし、とくにダイエーの創業者・中内㓛には、83年の出会いからその死まで密着を続けた。

著書には『流通王 ―中内㓛とは何者だったのか』『社長は知っている』『闘う社長―こんなトップの下で働きたい!<8人のカリスマたち>』『柳井正 未来の歩き方』（以上、講談社）、『「距離感」が人を動かす』（講談社＋α新書）など多数。

N. D. C. 916　252p　20cm

「感動《かんどう》」に不況《ふきょう》はない
――アルビオン社長《しゃちょう》小林章一《こばやししょういち》はなぜビラ配《くば》りをするのか

二〇一〇年十二月十九日　第一刷発行

著者　大塚英樹《おおつかひでき》
発行者　持田克己
発行所　株式会社講談社
〒112-8001 東京都文京区音羽二-一二-二一
電話　出版部　〇三-五三九五-三七八三
　　　販売部　〇三-五三九五-四四一五
　　　業務部　〇三-五三九五-三六一五
印刷所　大日本印刷株式会社
製本所　黒柳製本株式会社
本文データ制作　講談社プリプレス管理部

ISBN978-4-06-216741-3